Jürgen Kuhlmann

ANTI EINSTEIN
oder
Der arge Weg der Erkenntnis

Zwei Dinge sind unendlich:
Das Universum
und die menschliche Dummheit.
Aber bei dem Universum
bin ich mir noch nicht ganz sicher.
           Albert Einstein (1879 – 1955)

So sei der Neugier auch gedankt
Denn sie hat mir dies abverlangt
(Frei nach Brecht)

In uneingeschränkter
Hochachtung und Verehrung
meinem einstigen Idol
ALBERT EINSTEIN

Copyright 2004: **BoD** GmbH, Norderstedt
Herstellung und Verlag: **B**ooks on **D**emand GmbH
Vervielfältigungen, Übersetzungen, Einspeicherung
und Verarbeitung in elektronischen Systemen sowie
Mikroverfilmungen nur mit Zustimmung des Verlags!
Mundpropaganda erwünscht!

ISBN 3-8334-2251-3

MAN SAGT,	7
ALS SCHÜLER	8
WELT – ANSCHAULICHES	11
KOSMO – LOGISCHES	19
GRUNDSÄTZLICHES	32
DER MICHELSON – VERSUCH	34
WARUM JOHN D. BARROW	38
DIE DILATATION DER DREI	43
EXTREMUM OBSTINAT !	47
ABSCHIED VOM ÄTHER	49
WER A SAGT, MUSS AUCH B SAGEN	52
ZUR ZEIT	53
FRÜHE FRAGMENTE	56
ABSCHIED VON PARMENIDES	63
GIORDANO BRUNO	70
EIN HEILIGES VERMÄCHTNIS	75
DIE FERNWIRKUNGSFURCHT	82
DIE WECHSELWIRKUNGSMASCHE	86
FEYNMANS PFEILCHEN	91
BEWEISLAST	96
UNSCHARFE STRÄNGE	102
PRESSE – SPLITTER ; REFLEXIONEN	109

DIE BIENE MAJA	112
DIE BOTSCHAFT DES FUNKELNDEN	119
DEKOHÄRENTES	121
ZERSTREUTES	123
DAS RÜCKGRAT DER NACHT,	130
UNSERE MILCHSTRASSE	132
KOMMENTAR ZU REMOTE 1 PM	136
YALIS	137
ICH DANKE	143
DIE RESONANZ	144
NACHWORT	145

MAN SAGT,

die nächste Messung der Bosonendichte / Superstringtorsion / Neutrinolebenserwartung / Quarksseltsamkeitsquantenzahlwert /.../.../............ wird zweifelsfrei erweisen, ob unser Kosmos künftig weiter expandieren, oder aber sich in exakt 3,1415... Megatrilliarden Jahren wieder zusammenballen werde.
Man meint, die Konsequenzen der Heisenbergschen Unschärferelation anerkennen und gleichzeitig die Meßtechnik in infinitum verschärfen zu können.
Man glaubt, aus diesen anerkannt unsicheren Meßdaten sichere Erkenntnisse ableiten zu dürfen.
Man schließt gleichsam aus der Planetenanzahl eines Sternsystems auf Lebensdauer und Staatsverfassung ihrer Bewohner.
Man befindet sich auf einem im Rhythmus einer kosmischen Marsaillaise mitschwingenden Staubkörnchen, befindet über die momentane Entfernung / Annäherung zu Nachbarstäubchen und interpoliert daraus bisheriges Werden und weiteres Wachsen oder Vergehen aller gerade sichtbaren Mitstäubchen.
Man "erlebt" ein Milliardstel eines solchen megagalaktischen Takts und schwadronniert über das einer universellen Weltformel folgende Weiterwabern dieser Universumsgegend. Will gar zum Taktstock greifen, ohne sich selbst als unmaßgebliches Teilchen dieser von uns unabhängigen und für uns unfaßbaren Melodie zu begreifen.
Welch ungeheure Anmaßung! Die 26 soeben von unseren unfehlbaren Mathematikern konstatierten Dimensionen werden zum theoretischen Limit erklärt, zu endgültigen Alldimensionen erhoben. - Aus der Nadelanzahl eines Computerdruckers errechnen sie das Versmaß der damit erstellbaren Lyrik, aus dem Schriftgrad des Einzelbuchstabens den Romangehalt, aus der Hyperfeinstruktur eines Farbpartikels die erhabene Schönheit des Gesamtgemäldes. Die Ungereimtheiten der Grenzforschungen beweisen das Wirken irgendwie über- oder untergeordneter, von uns objektiv nicht erfahrbarer Eigengesetzmäßigkeiten, von höchstens subjektiv erahnbaren Wesensheiten anderer Maßstäbe. Nichts anderes besagen die nichtssagenden Meßergebnisse moderner Quantenzahläquilibristen oder Stellarstatistiker, wo sie "unseren" Kreis verlassen. - Albern die Zeitschleifen- und Wurmlochspekulationen zur Rettung des Gravitationstensorraumkrümmungskalküls wie sintemalen der mittelalterliche Theologenstreit, in dem es darum ging, ob denn nun genau 777 oder gar 1111 Engelein auf einer Nadelspitze Platz finden...

**Diesen erkenntnistheoretisch unhaltbaren Unfug
soll vorliegende Schrift entlarven.**

ALS SCHÜLER

begeisterte mich ein kleines Gedankenexperiment, mit dem der David Galilei den Goliath der Scholastik besiegte. Bei Aristoteles stand geschrieben, daß der *"natürliche Ort der schweren Dinge unten sei und sie folglich schneller fielen, als die leichten."* Punkt. Punkt? Fragezeichen! *Der Zweifel ist die Mutter jeder Erkenntnis* erinnerte sich Galileo wohl eines anderen alten Griechen und kombinierte:
"Wenn dem so wäre, dann müßte ja ein leichter Stein, den ich an einen schweren anbände, diesen in seinem Fall hindern, ihn so bremsen, daß beide im Ergebnis langsamer fielen, als der schwere allein gefallen wäre laut Aristoteles. Andererseits wird doch aber das Gesamtgewicht größer, wenn ich zwei Steine verbinde, sind sie zusammen schwerer und müßten folglich schneller fallen nach Aristoteles. Durch das Verbinden müßten sie also zugleich langsamer und schneller fallen gemäß Aristoteles. In diesem Punkt muß er sich denn aber wohl doch geirrt haben. Wenn Sie mir bitte folgen wollen, meine Herren?! Ich werde es ihnen beweisen."

Natürlich hielten es die meisten seiner schriftgelahrten Zeitgenossen für unter ihrer Würde, auf den schiefen Turm zu steigen, verschlossen ihre Sinne Galileis kindischen Fallexperimenten wie zuvor ihren Geist seiner logischen Gedankenführung, glaubten weiter unbeirrt an ihre absolute Autorität Aristoteles.

Als Physikstudent fand ich dieselbe geistige Unvoreingenommenheit und Unabhängigkeit des Denkens bei Albert Einstein und erkor ihn zu meinem Idol, zumal auch sein ausgeprägter Antimilitarismus mir sehr imponierte.

Im Studentenzirkel *"Philosophische Probleme der Naturwissenschaften"* 1965 am Pädagogischen Institut Güstrow empfahl man uns unter anderem die Lektüre der *Annalen der Physik Nr.51/1916.* Dort stand auf Seite 639:
".... Begriffe, welche sich bei der Ordnung der Dinge als nützlich erwiesen haben, erlangen über uns leicht eine solche Autorität, daß wir ihres irdischen Ursprungs vergessen und sie als unabhängige Gegebenheiten hinnehmen. Sie werden dann zu »Denkgewohnheiten«, »Gegebenheiten a priori« usw. gestempelt. Der Weg des wissenschaftlichen Fortschritts wird durch solche Irrtümer für lange Zeit ungangbar gemacht. Es ist deshalb durchaus keine müßige Spielerei, wenn wir darin geübt werden, die längst geläufigen Begriffe zu analysieren und zu zeigen, von welchen Umständen ihre Berechtigung und Brauchbarkeit abhängt, wie sie im einzelnen aus den Gegebenheiten der Erfahrung herausgewachsen sind. Dadurch wird ihre allzugroße Autorität gebrochen. Sie werden entfernt, wenn sie sich nicht ordentlich legitimieren können, korrigiert, wenn ihre Zuordnung zu den gegebenen Dingen allzu nachlässig war und durch andere ersetzt, wenn sich ein neues System aufstellen läßt, das wir aus irgendwelchen Gründen vorziehen."

Irgendwelchen Gründen ?! Begriffe, die sich als nützlich erwiesen haben, einfach ersetzen, *"wenn sich ein neues System aufstellen läßt"?* Schlagartig wurde mir mein Idol suspekt, zumal mir auch seine Gedankenexperimente, mit denen er sein neues System aus irgendwelchen Gründen sicher abstützen zu können glaubte, qualvoll gekünstelt und unlogisch erschienen.

Als Physiklehrer motivierte ich meine Schüler gelegentlich zwar noch mit dem Einsteinspruch, daß sich *"alle schämen sollten, die sich gedankenlos der Errungenschaften von Naturwissenschaft und Technik bedienen, ohne mehr davon verstehen zu wollen, als die Kuh von der Botanik der Pflanzen, die sie mit Wohlbehagen verspeist"*, explizierte wohl auch dies und jenes schlüssige Gedankenexperiment in memoriam Galileo Galilei, ermunterte aber nie zu einem derart leichtfertigen Umgang mit bewährten Begriffen, stellte SRT und ART (Spezielle und allgemeine Relativitätstheorie) als durchaus noch zweifelhafte Theorien dar trotz all der fragwürdigen "Beweise". Zeit, mich intensiver damit auseinanderzusetzen, hatte ich nicht – die pädagogische Praxis fraß mich auf mit Haut und Haaren. So kam es, dass ich meinen grob konzipierten **"Anti – Einstein"** Jahr um Jahr unbesorgt vor mir herschob – nichts deutete darauf hin, daß irgendwer anderes den Aristoteles der Neuzeit grundlegend hinterfragte. Ringsum nur Apologeten und Epigonen, die sich halbtot freuten, ihn halberwegs nachvollziehen oder für ihre eigenen kleinen Systemchen benutzen zu können...

Dann die Wende, die mir zwischen den ABM – Jobs viel Freizeit brachte und endlich die Gelegenheit, meine studentischen Ideen zu Papier zu bringen. Aber es *"paßte nicht ins Verlagsprogramm"* oder es erfolgte meinerseits *"keine ausreichende Auseinandersetzung mit der einschlägigen Literatur, was eine Publikation in einem der uns bekannten Fachorgane unmöglich erscheinen läßt"* ließen die neuen Scholastiker mich wissen mit freundlichen Grüßen. Das denn nun auch noch.

Wötzels wissenschaftliche Buchhandlung schickte mir Stephen Hawking, Murray Gell–Mann, Banesh Hoffmann, Richard Feynman, John D. Barrow, Paul Davies und Co. in´s Haus. Erleichterung! Sie alle waren noch weit ab von grundsätzlichen Einsichten respektive viel zu dicht dran für eine kritische Distanz. Galoppierten unbeirrt weiter in die alte Sackgasse, hatten jedweden Realitätsbezug ganz offensichtlich längst verloren, schwebten in höheren Dimensionen, schwelgten in supersymmetrischen pythagoräischen Harmonien, ergötzten sich an der erhabenen Schönheit ihrer abscheulichen Formelmonster, hatten noch nicht einmal begriffen, daß die Mathematik immer nur ein Werkzeug, eine Hilfswissenschaft sein kann. Setzten prächtige Goldbrokatflicken auf ihres Kaisers uralte Kleider, die eigentlich längst zu Aristoteles Lehren und Ptolemäus Epicyclen in´s Archiv der Wissenschaftsgeschichte gehört hätten. –

Aber das stand so ähnlich wohl auch schon in der Kurzfassung meines **"Anti – Einstein"**, aus der ich der Authentizität halber unverändert zitiere. Jetzt muß ich nur noch den ätzenden Rücktitel erklären. Den hat mir die maßlose Arroganz von Paul Davies aufgezwungen. In einem seiner zahlreichen Bestseller ("Die Unsterblichkeit der Zeit. Die moderne Physik zwischen Rationalität und Gott", 1995 by Simon & Schuster, New York) begießt dieser weltberühmte theoretische Physiker alle vergangenen und kommenden Einsteinkritiker mit blutigem Hohn. Ein typischer Vertreter dieser Kaste, in ihrem Unfehlbarkeitsdogma nur noch dem mittelalterlichen Klerus vergleichbar. Diese Anmaßung verdient eine scharfe Abfuhr.

Wenn John D. Barrow titelt *"Warum die Welt mathematisch ist"*, unterstellt er erstmal, dass sie es ist, um sich, derart legitimiert, auf *"Die Suche nach der Weltformel"* begeben zu können. Wenn Paul Davies *"Die Unsterblichkeit ..."* nun bereits in dritter Auflage im Scherz – Verlag erscheint, wird sein Gespinst wohl doch irgendwie ernst genommen, obwohl er sich andauernd auf Angelus Silesius, Augustinus et alii spiriti sancti stützt. Mit sowas scheffelt ein Scharlatan Dukaten noch im dritten Jahrtausend der Neuzeit!

Obwohl Laplace schon 1795(!) *"für hinreichend kompakte Körper"* eine Fluchtgeschwindigkeit v > c errechnete und daraus schloß, daß *"das Licht also gefangen bleibt"*, er also schon damals das Schwarze Loch postulierte, schanzen sich heute diverse Amerikaner für Spekulationen über dasselbe schamlos gegenseitig profitable Nobelpreise zu.

Die Medaille der Päpstlichen Akademie der Wissenschaften (köstlich!) erhält Stephen Hawking dafür, daß er Pater(!) Lemaitres Uratom von 1922 pseudowissenschaftlich verbrämt, salonfähig macht. - **Die Kosmologie ist die Fortsetzung der Theologie mit anderen Mitteln** – das ist die Quintessenz meines "einschlägigen" Literaturstudiums. Wir werden sehen.

Doch zunächst ist Grundsätzliches festzustellen, damit man erkennt, was da eigentlich über Bord geworfen wurde und wogegen man es eingetauscht hat. Was für "neue Systeme" sich inzwischen "aufstellen ließen" und "aus welchen Gründen *s i e* diese vorziehen".
1600 verbrennt der Papst den Philosophen und Kosmologen Giordano Bruno. 1990 verleiht er dem Kosmostheologen Stephen Hawking eine Medaille.
Ist der Papst zur Vernunft gekommen?
Ich vermute, daß er beim Glauben geblieben ist.
"Cui bono ?" fragt man, *"Wem nützt es ?"*
Diese Frage muß erlaubt sein. Diese Freiheit nehm ich mir.

WELT – ANSCHAULICHES

Dabel, Mecklenburg, 1994. In „STERN" und „SPIEGEL" spiegeln sich neuerdings obskure Kosmogonen der quantenmechanischen Art, die den Eindruck zu erwecken trachten, es handele sich bei ihren populärwissenschaftlich verbreiteten Ansichten um fachwissenschaftlich gesicherte Einsichten. Das Gymnasial-Physikbuch meiner Jungs (KUHN / WESTERMANN 1990) offeriert gar Gell-Mann's Gleichungen oder seinen Seltsamkeitsquantenzahlerhaltungssatz als Basiswissen. Obwohl dieser mit modernster Quantenzahlkabbalistik mystisch verbrämte Rückfall in finsterste ptolemäische Egozentrik wissenschaftlich unhaltbar, erkenntnistheoretisch unsolide und philosophisch vordergründig ist, blieb prominenter Protest bisher aus. Bleibt der Verdacht, daß all diese Braven die Blamage fürchten und deshalb die feinen Gespinste der welschen Hofcouturiers preisen. - Nun, ich riskier keine Reputation, ich sag es: „Aber da ist ja gar nichts dran!"

Zugegeben, nicht sehr originell. „DES KAISERS NEUE KLEIDER" werden inzwischen überall verhökert. Rezensoren aller Länder vereinigen ihr Marktgeschrei. ACTION-THRILLER werden zu Filmen, Silbengestammel zu Lyrik, Gerümpelmonster zu Skulpturen hochgelobt.

Trotz alledem: Es ist unverantwortlich, das Hirn der Jungen mit unausgegorenem Gluonenquarks zu verkleistern, ihr Gesichtsfeld durch dogmatische Scheuklappen zu verengen, ihre Autonomie durch Autoritäten zu blockieren, ihr Schöpfertum in scholastischer Formelfron zu erschöpfen. Wer schweigt, macht sich mitschuldig. Wie sagten doch HEGEL / GOETHE ganz richtig:
"So ist denn alles, was besteht, auch wert, daß es zugrunde geht."
Eine inzwischen von buntschillernden Schmeißfliegen umschwärmte Frucht hängt nunmehr 90 Jahre am Baum der Erkenntnis ... Um nun aber die windigen Kosmos – Theologen und Quanten-Interpreten schlüssig der Scharlatanerie überführen, sie vom Sockel stürzen, ihre Formelwelt aus den Angeln heben zu können, braucht man nach ARCHIMEDES einen festen Punkt.

Fest steht wohl, daß der menschliche Natur-Erkenntnis-Drang zunächst Natur-Beherrschung bezweckte. Das nackte Überleben der Nil- Bauern und ihrer altägyptischen Sonnenpriester hing von deren astronomisch genauer Bestimmung des agrotechnisch günstigsten Aussaattermins ab. Astro – mytho – logische Spekulationen waren schon Luxus, Vorstufen Weinbergscher Weltformelsehnsucht.

Im Bestreben, seine Umwelt immer besser in den Griff zu kriegen, hat der Mensch in Jahrtausenden die Bezeichnung der Dinge präzisiert und gleichzeitig zur Beherrschung der unendlichen Vielfalt ihrer Lagebeziehungen einen vom konkreten Ding unabhängigen mathematischen Raumbegriff erschaffen, bevor es Mathematik überhaupt gab. Der entscheidende Schritt in diesem Erkenntnisprozeß war das Absehen von den vielfältigen Besonderheiten all der konkreten Dinge, die Konzentration auf eine vergleichbare, schließlich meßbare Eigenschaft: Ihre Ausdehnung in Länge, Breite und Höhe.

Ein weiterer Schritt war die Konstruktion von Zeit – Maß – Stäben, Chronometern, wobei zuverlässige, regelmäßige Abläufe wie Feder- oder Pendel-schwingungen Pate standen. Und wenn die Feder bricht, das Zeit-Eisen stockt? Wenn alle Uhren stehenbleiben, kein Fluß mehr fließt, kein Mond mehr scheint? Steht dann auch die Zeit still? Wenn man alle Möbel aus dem Zimmer trägt, die Wände einreißt – verschwindet dann auch der Raum?

<u>Der</u> Raum schon, aber doch nicht der <u>Raum</u> schlechthin!

Das Zeit<u>eisen</u> kann kaputtgehen, aber doch nicht der gerade so wundervoll verallgemeinerte Zeit<u>begriff</u> ! Das ist doch gerade der Sinn aller Abstraktion, Begriffsbildung, daß man sich unabhängig macht von zufälligen, einzelnen Dingen. Das ist doch der Zweck der Wissenschaft überhaupt, daß sie die Beziehungen zwischen konkreten Dingen mit Hilfe dieser abstrakten Begriffe zu Gesetzen verallgemeinert, um irgendwelche anderen, aber *in dieser bestimmten Hinsicht* vergleichbaren Abläufe und Beziehungen mit bzw. zwischen ebenso vergleichbaren anderen Dingen mit *eben diesen* Gesetzen erfasssen und vorausberechnen kann. Wenn die vorausberechneten Ereignisse eintreffen, stimmen die Gesetze, taugen die Begriffe offensichtlich. Kein Grund, sie auszuwechseln, sollte man meinen.

Und doch begann man vor 90 Jahren, den erfolgreich von zufälligen Gegenständen abgekoppelten unabhängigen Raumbegriff, den von der Ganggenauigkeit irgendeines konkreten Chronometers befreiten mathematischen Zeitbegriff wieder an das plumpe Ding, den zufälligen Einzelablauf anzuketten. Seit 1905 existiert der Raum wieder nur durch das Ding, paßt sich in seiner Geometrie an dessen Massenverteilung an. Man glaubt nun tatsächlich wieder, daß die abstrakte Zeit vom konkreten Prozeß abhängt. Wenn die Uhr nachgeht, soll auch die Zeit selbst zurückbleiben.

Wissenschaftsgeschichtlich beispiellos ist dieser bedenkenlose Umsturz eines grundsoliden Denkgebäudes auf bloße Indizien hin. Die voreilige und oberflächliche Mißdeutung <u>eines</u> Versuches, des Michelson – Morlay – Experiments, hat im Verein mit phythagoräischer Zahlen-Harmonie-Sehnsucht einen verhängnisvollen Trugschluß geboren, dessen rigoros-unbeirrbarer Verfolgung durch Generationen fanatisch davon entzückter theoretischer Physiker wir das heutige Debakel verdanken.

So konnte es geschehen, daß an der Schwelle zum 3. Jahrtausend diese eigentlich berufenen Vorreiter der Naturerkenntnis eine Ausweitung unseres Überblicks, eine Vertiefung unseres Durchblicks wirksam blockierten. Flugs bildeten sie eine Kaste der Erlauchten, der Wellengleichen, eine absolutistische Relativistensekte.

Ihr Credo ist die Heilige Constanz, ihr Rosenkranz die Schrödingergleichung, ihr Paternoster die Lorentztransformation, ihr Altar das Supersynchophasotron, ihr Weihwasser die Bosonensuppe, ihr Mythos der Urknall
und ihr Schutzpatron Einstein.

Ausgerechnet Albert! Wo doch gerade ihn bis zum Schluß Zweifel an der Zulässigkeit reinen Rechnens plagten! - Wie dem auch sei – auf Einstein berufen die sich mit Recht und also muß auch er vom Sockel. Wichtiger jedoch ist die Einsicht, dass <u>nur seine</u> grandiose <u>relativistische</u> Orch-ideen-blüte taub war, fruchtlos.

Dass alle kernphysikalischen und kosmologischen Prozesse sich weitaus besser ohne dieses eitle Instrumentarium begreifen lassen. Dass all die angeblichen Bestätigungen Selbsttäuschungen waren – oder schon Scharlatanerie der Hilfspriester. Wir müssen begreifen, dass wir hinter den neuen SANTA-FE-GURUS nur immer tiefer in einen ausweglosen Sumpf, in supersymmetrische Formellabyrinthe tappen. Wir müssen noch einmal an den Kreuzweg zurück.

Nachdem Ausgang letzten Jahrhunderts bahnbrechende Entdeckungen auf den Feldern der geheimnisvollen Electrizitaet und des noch rätselhafteren Magnetismus gelungen waren, versuchte man schleunigst, sie systematisch unter Dach und Fach zu bringen. In diesem verständlichen Feuereifer (man wollte dabei auch gleich mal die nagelneuen Vektorgleichungen ausprobieren!) vereinigte man hurtig elektrische und magnetische Feldvektoren, ohne damals schon wissen zu können, daß die nur zwei Seiten einer Medaille waren. Im hochmodischen Kostüm des imaginären Feldberichterstatters stürzte man sich kopfüber ins Magnetfeldgetümmel, seine virtuellen Bewegungskomponenten auf separate *elektrische Kräfte* und *Lorentzkräfte* zurückführend, um emsig damit weiterjonglieren zu können – als ob die Lorentzkraft keine elektrische wäre!

Ein kleiner Denk – Ansatz für die Rechen – Profis: Faßt doch mal den Coulombschen Feldvektor als Drehimpuls auf. Kippt man einen Kreisel, will seine Vektorachse seitlich ausweichen. Statt *Kreisel* müßt ihr nur noch *Spin* sagen. Und schon wäre das Magnetfeld nichts weiter als das Überlagerungsfeld aller bewegten (elektrischen!) Ladungen, Maxwells separater B – Vektor müßte nicht nachträglich mit seinem eigentlichen Ich zwangsvereinigt werden, μ_0 kann auf ϵ_0 zurückgeführt und c auf Normalstatus zurückgestuft werden.

Die Wellenverwandtschaften wären ohnehin an's Licht gekommen – ohne den verhängnisvollen Geburtsfehler. Bewegen sich Ladungen relativ zueinander, kann die dabei auftretende Kraftwirkung mit der Hilfsvorstellung „Magnetfeld" praktikabel beschrieben werden (Lorentzkraft) - in Wirklichkeit ist ein Magnetfeld nur ein elektrodynamisches Feld und das Coulombsche ein elektrostatisches. Ladungen sind Träger beider Felder, die Suche nach einem besonderen magnetischen Monopol als Quelle von Magnetismus also physikalisch sinnlos. Es wurde 1931 von DIRAC nur aus rein mathematischer Symmetriesehnsucht in die MAXWELLsche Elektrodynamik eingeführt. - - - Die um gleichgerichtete Atome (WEISSsche Bezirke in Permanent-magneten) rotierenden Elektronen liefern ein resultierendes elektrodynamisches Feld, einen Dauermagneten. Beim Elektromagneten kreisen Leitungselektronen in Spulen - kein prinzipieller Unterschied also, in beiden Fällen sind bewegte Ladungsträger die Quellen des sogenannten Magnetismus.

Eine absolut ruhende Ladung gibt es natürlich ebensowenig wie eine Ruhmasse bzw. absolut unbewegte Körper - trotzdem sind Stabilitätsberechnungen in relativ starren Systemen so sinnvoll wie die separate Betrachtung von statischen Kraftfeldern zwischen relativ zueinander unbewegten Ladungen.

Ørstedt fand, daß stromdurchflossene Drähte (elektrische Leiter also, durch die sich Ladungen bewegen) eine Kraft auf Magnetnadeln ausüben.

Ampere definierte die Stärke des elektrischen Stroms über eben diese Kraftwirkung zwischen stromdurchflossenen Leitern.
Siemens nutzte diese Kraft aus elektrischem Strom später für Elektromotoren. Gewinnung von Strom aus Kraft, die Umwandlung von mechanischer in elektrische Energie also, setzte sich **Faraday** zum Lebensziel und fand tatsächlich die elektromagnetische Induktion, die physikalische Grundlage für technische Generatoren. Strom **aus** Bewegung. Strom **ist** Bewegung von freibeweglichen Ladungsträgern, von derselben Lorentzkraft durch die Drahtschleife getrieben, wenn diese das Magnetfeld durchquert. Strom **wird** Bewegung, wenn die durch die Leiterschleife fließenden Elektronen im Magnetfeld durch dieselbe Lorentzkraft seitlich abgelenkt werden, in ihrer Gesamtheit dabei ihren Draht mitnehmen, bewegen. Einfach Ursache und Wirkung vertauschen und aus dem Generator wird ein Elektromotor.
Jedenfalls muß sich das die Leiterschleife durchsetzende Magnetfeld zeitlich ändern, fand **Faraday**. - - - **Maxwell**s Gleichungen aber sagen, daß es bei der Induktion auch auf die Bewegung gegenüber einem elektromagnetischen Fluidum ankommt, einem Wellenmedium, dem Äther eben. Weil sie genau aus dieser Fluidumvorstellung entwickelt wurden, darf das nicht verwundern. Einstein gibt nun dieser Verwunderung Ausdruck, bemängelt, daß derselbe Induktionsstrom sich auf zweierlei Art aus eben diesen Gleichungen ableiten läßt. Den aus denselben derart kritisierten Gleichungen herausgefilterten konstanten Quotienten c aber übernimmt er unkritisch, erhebt ihn gar zu einer universellen Naturkonstante, der Vakuum-lichtgeschwindigkeit. Er beruft sich auf ein Produkt, dessen Substanz er verwirft.

Das von allen großen Geistern seiner Zeit als selbstverständlich überall a priori vorausgesetzte Relativitätsprinzip hebt er ausdrücklich hervor, um es schon im nächsten Grundsatz seiner Theorie tödlich zu verletzen: Die Forderung nach Absolutheit irgendeiner Geschwindigkeit ist mit dem allgemeinen Relativitätsgrundsatz unvereinbar, alle aus dieser Zwangsvereinigung hervorgegangenen Schlußfolgerungen also zwangsläufig Fehlschlüsse.

„*Ein Kinderspiel*" sei diese seine spezielle RT gewesen gegenüber den zehn Jahren harter Arbeit, die er an seine ART wenden mußte, vermerkt Einstein später. Das leuchtet ein: Es war wohl wirklich ungeheuer schwierig, die Sache wieder so hinzubiegen, dass alle sie für schlüssig halten, die meisten sogar noch bis auf den heutigen Tag...

Objektiv noch nichts wissen konnten Michelsons Zeitgenossen von dem seltsamen Gebaren, das Photonenzwillinge an den Tag legen, wenn man sie peinlich befragt. Sie machen zum Beispiel ihre Beichte davon abhängig, welcher Pater im Beichtstuhl sitzt, mit welchem Ablaßzettel er grade winkt und ob die Zwillingsschwester auch ganz gewiß nix gesehen haben kann. Pure Telepathie! Fernwirkung ist ein Klacks dagegen! Zu Selbstverständlichkeiten werden all diese Absonderlichkeiten beim Lesen des Kapitels 𝕶𝖔𝖘𝖒𝖔 – 𝖑𝖔𝖌𝖎𝖘𝖈𝖍𝖊𝖘 ...

Etwas leichtfertig, schon zu Beginn der ersten Analysen die Große Synthese zu wagen. Galilei war da gewissenhafter. Werden wohl noch mal auf seine Transformationen zurückgreifen müssen...

Übrigens läßt sich all das ohne die Zwangsvorstellung c = konstant Ermittelte und Formulierte weiterbenutzen und weiterentwickeln – im kernphysikalischen und kosmogonischen Bereich allerdings ohne die dort eingerissene Anmaßung. Bescheiden sollten sich auch all die entarteten Geometrien wieder auf ihre eigentliche Aufgabe besinnen – ein Raster zu sein für Realitäten - und bekennen, nur ein wenig gespielt zu haben...

Sind Raum und Zeit erst rehabilitiert, schwinden auch all die verworrenen relativistischen Formelmonster wie sintemalen die formal ebenso perfekten ptolemäischen Epicycloiden vor Keplers Gericht.

ES KÜNDET DEN NAHENDEN MORGEN ERWACHENDES LICHT

Doch so leicht werden sich die Pharisäer nicht aus dem Tempel jagen lassen. Längst hat ihr feines Gespinst alle betört, besonders ihre Zunftgesellen.
Hier ein paar Gewebeproben, gängige Lehrmeinungen (!):
Verschwinden Teilchen, Schaumkämme auf einer den Weltgrund bildenden Wellenstrahlung, bedeutet das nur *„exponentiellen Abfall der Wahrscheinlichkeitsdichte für das Auffinden des Teilchens"*. Das Teilchen ist Lösung einer Schrödingergleichung oder es ist gar nicht (existent).

Alle hundert Millionen Jahre muß ein Elementarteilchen wieder *„grade gerichtet werden"*, da seine Wellenfunktion in diesem Zeitraum zerfließt. (Ghirardi, Rimini und Weber 1980; - *da muß der Schöpfer also ab und zu doch noch eingreifen, um alles wieder „auf Zack" zu bringen.* - Anmerkung des Verfassers)

Ein separates Photonenpaar, über getrennte Operatoren unabhängig beeinflußt und separat registriert, besitzt dennoch nur einen gemeinsamen Zustandsvektor. (Bell 1964)

Je nach Meßapparatur verhalten sich Meßobjekte, wie man es von ihnen erwartet, z.B. als Teilchen, wenn man eine derartige Meßapparatur vortäuscht (!!!); notfalls interferiert ein Wellenbündel auch mit sich selber. (Wheeler; Unterstreichung vom Verfasser)

Das Mikroobjekt nimmt alle möglichen Wege gleichzeitig (!) – das Integral aller Wahrscheinlichkeitsamplituden unter Berücksichtigung ihrer Phasenbeziehungen beschreibt als „Gesamtwellenfunktion" seine quantenmechanische Bewegung. (Feynmans Pfadintegral)

Ungestörte quantenmechanische Systeme entwickeln sich deterministisch gemäß Schrödingergleichungen, gemessene indeterministisch. Die Messung führt zur abrupten Reduktion des Zustandsvektors, zum Kollaps der dazugehörigen Wellenfunktion.

~~~~~~

Ob man nicht doch einmal über den erkenntnistheoretischen Wert solcher „Messungen" nachdenken sollte ? Lauter Bankrotterklärungen, doch niemand kündigt ihnen den Kredit. Und so messen und rechnen sie denn immer noch. Und deuten...

Das Deuten hub nach Hubble an. Ganz harmlos, wie eine Einsteigerdroge. Und nun können sie nimmermehr von der Sternenflucht lassen. Extrapolieren in infinitum. Zwanghaft. Denn ohne Doppler – Deutung der Rotverschiebung würde ihr phantastisches Traumschloß, das erhabene Standardmodell, platzen wie eine Seifenblase. *(Dieser Doppler-Effekt aber bezieht sich auf Wellen in Medien, auf eine sich durch Luft als ihren Träger relativ zum Beobachter bewegende Schallquelle beispielsweise. Lichtwellen aber bedürfen bekanntlich keines Mediums, sind von ihrer Quelle, deren Eigenbewegung laut Einstein(!) keine Rolle spielen darf, abgekoppelt und im Vakuum ihr eigener unabhängiger Träger.)* Der Doppler-Effekt ist gemäß S R T (!) also auf Licht gar nicht anwendbar, läßt zumindest keine Schlüsse auf die Bewegung der Quelle zu!!! Rotverschoben, niederfrequent, heißt gemäß $E = h \cdot \nu$ also erstmal nur energiearm . . .

Aufzeichnungen aus einem Kosmogonenhaus -
als offizielle Lehre verkauft (!) :
Urknall war nicht etwa irgendwo – nein, überall war die Materiedichte unendlich groß. Nach der Explosion nicht etwa in den bereits vorhandenen, vormals leeren Raum diffundiert – nein, der Raum selbst explodierte, entstand erst bei der Explosion, riß dabei die Materie mit . . .
  Weil die Photonenzahl der 2,7 K Hintergrundstrahlung 1000 000 000 mal so hoch wie die Nukleonenzahl des Universums ist, muß sie das „kalte Echo", der ferne Nachhall des heißen Urknalls sein. (*Deshalb also !*)
  Die 0,6 % Anisotropie sind der „Fahrtwind" der mit 500 km/s dahinsausenden Milchstraße. *(Wohl wieder heimlich am Lichtäther geschnuppert, was?!)*
  Wenn das All nicht expandieren würde, wäre der Himmel überall und immer hell wie die Sonne. *(Stephen Hawkings blendende 2K - "Helligkeit", die "Hitze" - strahlung eines erloschenen Ofens... Der wird auch bei Milliarden km² Kachelfläche nicht heißer und heller strahlen . . .)* - - - Ob sich das All jemals wieder zusammenziehen wird, hängt von der heutigen Materiedichte ab.
(Ob ich jemals abnehmen werde, hängt von meinem heutigen Gewicht ab...)
  Damit beim heutigen Weltalter der Wert ρm vorliegen kann, muß bei 1s Weltalter die damalige Dichte extrem genau gleich der kritischen Dichte ρk gewesen sein, was nur über eine **Feineinstellung(!)** der Materiedichte mit ±1/1000 000 000 000 ρk hätte realisiert werden können. *(Mit eine daaanz drooooße, fuuuuuuuchchba genaue Rändelschraube an die Urknall – Nebelkammer, nöch?)*
  Explanative *(erklärende; von klar; Explanation des Verfassers)* Lösung von Horizont- und Flachheitsproblem *(des Urknall – Standardmodells)* durch Einfügen einer „inflationären Phase" beschleunigter Explosion von 10 hoch −43 bis 10 hoch −36 Sekunden *(nach dem BIG BANG). - (Den Momang kann man ruhig mal ein Auge zudrücken;* Δt *hinreichend kurz - und schon sind* „*beliebige (!!!) Energien unbeaufsichtigt (!!!) durch Formeln"* - Heisenberg selbst hat´s erlaubt, ätsch! *Welch unbedarfte Denkungsart!)*
In dem Punkt waren sich übrigens fast alle Koryphäen einig:

„Alle quantenmechanischen Formeln sind nur grobmaschige Stellnetze im Ozean der Miniaturwelt."
Und wenn die Formel nun auch noch kollabiert beim Messen und ihr Zustandsvektor schrumpft? Und die Fischlein immer kleiner werden und flinker? Egal! Unverdrossen seziert man weiter, inzwischen schon das Plankton mit der Schiffsschraube. Schließt aus seiner Feinstruktur auf das Geländeprofil und die Entstehungsgeschichte des Meeresgrunds. Und das Volk gafft ergriffen. Spendiert den Gurus von Santa Fe fix ein neues Stellnetz für schlappe 8,2 Milliarden Dollar. Niemand von allen, die dann mit dieser gewaltigen Protonenschleuder spielen dürfen, wird petzen. Ebenso unvorstellbar wäre ein „Aussteiger" aus der Priesterkaste der Pharaonen. Tempeltürhydraulik–knoff hoff ist Gift für gläubige Fellachen. – (Außerdem hängen tüchtig paar Drachen am Ramsespreis . . .)
   Obwohl mir bekannt ist, daß noch im Februar 1600 Giordano für sowas gebraten wurde, sag ich nochmal: **"Da steckt wirklich nicht viel hinter, Leute."** Mein Gott, ich bin bald 50 Jahre, die Kinder sind groß, worauf wart ich denn noch. Ich danke für die Aufmerksamkeit. Und bitte um unvoreingenommene kritische Prüfung meiner kosmologischen Hypothesen. Wer, wie ich grade, den spekulativ-mathematischen Teil der modernen Physik einer derart vernichtenden Kritik unterzogen, viele prominente Apologeten pauschal der Scharlatanerie bezichtigt hat, muß wohl was Einleuchtenderes anzubieten haben. Vorweg: Ich bin kein Kepler. Ich kann den erhabenen Schrödinger – Epicyclen formalmathematisch nichts anhaben. Ich bin nicht sauer, weil diese Trauben mir zu hoch hängen, sondern weil es Essig damit ist. Nichts anderes haben die Experten in 70 Jahren herausgekeltert. Statt Einsichten zu vermitteln, haben sie Verwirrung gestiftet. Das kommt davon, wenn eine Hilfswissenschaft sich zum Selbstzweck erhebt. (Teilchen sind Lösungen von Schrödingergleichungen oder sie sind gar nicht.) Diese erkenntnistheoretische Anmaßung mußte zwangsläufig in eine Sackgasse führen - trotz fehlerfreier Handhabung des Hamilton - Operators, der die möglichen Zustände von Mikroobjekten beschreiben soll.
   Ferner kann und muß ich nicht auch noch an irgendwelchen Kernforschungszentren oder Observatorien eigenständige Forschungen anstellen. Die ungeheure Masse bereits vorliegender Ergebnisse ist ohnehin nur noch schwer zu überblicken, schreit nach Synthese. Die aber verlangt Distanz, ist deshalb von hochspezialisierten „Betriebsblinden" nicht zu erwarten. (Die naive Retropolation eines grade zitierten Experten von der exzellenten Feineinstellung seines Apparats auf eine ebenso präzise Kosmosregulierung während des Urknalls durch den **Großen Regulator** ist dafür typisch; sie entlarvt aber auch seinen teleologischen Hintergrund . . .)
   Hipparchs Sternortvermessungen wurden nicht durch Ptolemäus, noch dessen Wendeschleifenformeln durch Kopernikus angezweifelt. Ptolemäische Karten, neben denen sich 1000 Jahre später angefertigte wie Höhlenmalerei ausnehmen, weisen ihn als genialen Systematiker aus, der seine Zeitgenossen ebenso überragte, wie Einstein die seinen. *Beider* Autorität war deshalb von nahezu aristotelischer Dimension. *Beider* irrige Grundannahmen wurden eifrig untermauert, zu Dogmen

erhoben. Für das heliozentrische Weltbild sprach zunächst nur die schlüssigere mathematische Struktur. Das *Wie* der Himmelsmechanik wurde klarer, das *Warum* blieb offen. Unklar, sinnlos verwickelt, an den Formeln herbeigezogen erscheinen momentane Kern- und Kosmosmodelle. Das *Wie* des Weltwerdens und Teilchenseins wird quasi noch in vornewtonscher Manier beschrieben, das *Warum* ist offen, das erklärende Gravitationsäquivalent steht aus.

So wie die Natur der Gravitation noch nicht restlos entschlüsselt, geschweige in die ersehnte Weltformel integriert ist, wird auch der Charakter der von mir postulierten unabhängigen, über- bzw. untergeordneten Kräfte und Daseinsformen offen bleiben müssen, von uns nicht überblickt bzw. durchschaut werden können. Und genau deshalb verzichte ich auf die Charakterisierung dieser erkenntnistheoretisch zwingend anzunehmenden Wesensheiten, fabuliere nur ein wenig...

„In Hamburg waren zwei Ameisen, die wollten nach Australien reisen.
Zu Altona auf der Chaussee, da taten ihnen die Füße weh.
Und so verzichteten sie weise auf den zweiten Teil der Reise."
(Ringelnatz? Morgenstern?–Jedenfalls einer meiner Lieblingspoeten. ☺)

Sicher werden wir ständig weiter und tiefer sehen, ebenso sicher aber wird sich immer nur ein endlicher Teil des Unendlichen überblicken lassen. Die Reduktion des Seienden auf das von uns Überschaubare ist unzulässig. Anmaßend wie der Versuch, uns noch unerkannte Wesensheiten durch uns schon geläufige Gesetzmäßigkeiten beschreiben, einen Microchip mit der Klempnerzange sezieren zu wollen. Die Verbiegung wesentlicher Grundsätze durch Verletzung sinnvoller Denkregeln und die sich daraus zwangsläufig ergebende Verhunzung unverzichtbarer Grundbegriffe zeugen vom Scheitern dieser Versuche. Die Weltformel ist das *perpetuum mobile* des 20. Jahrhunderts. Die Jagd danach muß trotz spitzfindigster sophistischer Winkelzüge scheitern. Absolutistische Forderungen in einer angeblich relativistischen Theorie sind nur auf dem Papier erfüllbar, denn Papier ist geduldig und *„mit Mathematik kann man alles beweisen"*, wie schon Einstein ganz richtig vermutete. Unfruchtbare, gekünstelte Thesen soll man fallen lassen. Folgen Sie mir also bitte auf die erste Expedition in nacheinsteinsche Gefilde. Galaxienexplosionen oder Gluonenkontraktionen entpuppen sich als Pulse, die wir nie ertasten werden. Gigajahrelange Kosmosgeschichte schrumpft zum All – Augenblick, nanosekundenkurze Mikrokosmosaufnahmen repräsentieren Mini-Welt-Äonen. Unsere grandiosen supersymmetrischen Gleichungen gleichen plötzlich wieder dem, was sie in dieser Erkenntnisphase nur sein können: albernen Zahlenspielereien. Die ganze Mathematik schlüpft bescheiden in die Rolle zurück, die ihr einst der große PLATO zugewiesen hatte: Sie hat Erfahrenes zu ordnen. - Wo aber unsere Erfahrung (noch) nicht hinreicht, gibt´s auch (noch) nichts zu ordnen. - Sicher darf theoretische Physik über pure Empirie, Phänomenologie hinausgehen. Wo sie auf deduktivem Wege zu Schlüssen gelangt, darf sie die aber nur als Thesen behandeln, verhandeln, nie als Fakten verkaufen. Wir können also getrost den ganzen Formelballast erstmal über Bord werfen, er hemmt nur unseren Gedankenflug.

KOSMO – LOGISCHES

Es wird höchste Zeit, den „BIG BANG" – Schwindel platzen zu lassen. Erkenntnistheoretisch sind seine Verfechter (trotz perfekter Meßmittel und brillanter Rechentechnik!) auf dem kosmischen Felde, was mittelalterliche Alchimisten im Vorfeld der eigentlichen Chemie waren – verbohrte Fanatiker beim Goldspinnen. Oder Perpetuum – Mobile – Konstrukteure. Bestenfalls lauter kleine Tycho Brahes, die emsig „Beweise" für olle Ptolemäus zusammentragen, ohne zu merken, daß sie Kopernikus zuarbeiten, den sie ja eigentlich widerlegen wollten...
   Wie artig beschrieb man dazumal die recht eigenartig verschlungenen Wendelbahnen der Wandelsterne, ergötzte sich an immer peniblerer Akkuratesse! *Extra omnes dubitos* jedenfalls die Zentralposition unseres Globus, respective unserer Scheibe. (ebene, plane Scheibe: Planet!) *Dahingehend* war alles zu interpretieren. Damals. Heute heißt die Heilige Kuh **ABSOLUTE CONSTANZ DER LICHTGESCHWINDIGKEIT** – einsame Insel im unendlichen Meer der Relativität. Der neue Ptolemäus ist Einstein und all seine gläubigen Jünger stauchen die liebe Zeit zusammen oder spannen sie auf die Streckbank bis der Raum sich krümmt und wimmernd seiner Priorität vor einem – aus ihm selbst abgeleiteten! – Begriff wie der Geschwindigkeit abschwört...
   Sancta simplicita! Heere hochintelligenter Spezialisten aller Sparten strampeln sich ab, ihre eigentlich recht ordentlichen Meßergebnisse solange zu interpretieren, bis sie in´s epicyclische Dogma passen! *(Wie schon olle Prokrustes verschiedenste peleponnesische Wanderer solange behaute, bis sie in sein 1A – Standard – Gästebett paßten...)* Ein wenig Mut und Konsequenz meine Herren Mikrokosmosphysiker und Makrokosmos-theologen – und unterm Strich steht der Kreis. Ultra"gravitationen" (oder wie immer die dann später heißen werden) entwickeln die wirren Epicyclen. Diverse konkrete (und deshalb doch nicht unbedingt und uneingeschränkt durch uns bedingte und beschränkte Wesen erfaßbare!) Hypersubstanzen und Infrastrukturen und was weiß ich noch rehabilitieren die unbedingten Denkmodelle **RAUM** und **ZEIT** sowie den unabhängigen Grundbegriff **MASSE**. - Vielleicht wird all das später auch ganz anders heißen. Sicher ist nur, daß wir unsere naive Nabelschau abbrechen und unsere heiligen Kühe schlachten müssen, wenn wir sie nicht melken können.
   Die Leute? Die werden weiterleben wie bisher und es wird sie die Erkenntnis, fortan quasi in einer Medi- oder gar Subdimension zu existieren, so stark berühren, wie die Umstellung beim Aufpumpen ihrer Pneus mit ATÜs, MILLIBARS oder HECTOPASCALS. Falls sie sie erreicht... Und selbst dann wird die leichtverdauliche und sozialverträgliche Interpretation nachfolgender Botschaft wohl erstmal Sache der Theologen... DER DA OBEN wird wohl wieder mal umziehen müssen ... in lauter kleine graue Zellen ... zu allen übrigen Ideen...
   Ende der Vorstellung. Beginn erster Akt. Angenehme Erbauung.

Bitte folgen Sie mir. Zunächst müssen wir gemeinsam in eine Miniaturwelt hinabtauchen. Keine Angst, es werden uns dabei nicht gleich die Wahrscheinlichkeitswellen über dem Kopf zusammenschlagen. Das gute alte Rutherfordsche Atommodell soll genügen. (Sie wissen schon, da, wo die Elektrönchen noch artig ihren Kern umkreisen wie die Planeten unsere liebe Sonne.) Ein solches Elektrönchen machen wir nun zu unserem Heimatplaneten. Besiedeln es als winzige Subminiaturwesen, graben und spinnen, handeln und sinnen. Bauen Superminimikroskope, spalten Haare und entdecken entzückt, daß diese hinwiederum aus noch dünneren Fasern bestehen, die ihrerseits – nun, Sie wissen schon. Eifrig registrieren, katalogisieren, archivieren wir nun diesen ganzen Quarks, konstatieren Wechselwirkungen innerhalb der Hyperfeinstrukturen und deuten sie flugs. Was dort zwei Etagen tiefer pulsiert mit einer Taktfrequenz von, Moment mal, 2,7981314 * 10 hoch Öhmunöhmzig ± Nullkommanix exakt, ist nich etwa das *L e b e n* irgendwelcher unterdimensionierter Untermieter – es sind halt Wechselwirkungen nur und sonst gar nichts... Das Leben ist eben was ganz besonderes, was solchen „Mikrostrukturen" einfach nicht zusteht – wo kämen wir denn da hin? Unerhört!

Aber nicht nur Mikroskope baut man bei uns, auch Makroskope, Weitseher sozusagen. Damit durchforsten unsere kühnen Makrologen den unendlich weiten, gräßlich leeren Makros über unserer guten alten Mutter Elektron. Täglich entdecken sie neue Funkelpunkte in den unendlichen Weiten des Makros, von denen jeder so groß sein soll wie unser mächtiger Zentralkern! Alles richtige Kerne, die von ähnlichen Kugeln umkreist werden sollen, wie unserem eigenen Elektron! Unglaublich!!
Und neuerdings heißt es sogar, der gesamte unseren Makrologen sichtbare Makros mit all den Milliarden „Kernen" und Kernhaufen dehnt sich unentwegt aus, „wächst" sozusagen! Was sagen sie dazu, Frau Nachbarin? *Wachstum*, daß ich nicht lache! Nächstens sagen die noch, unser Makros „*lebt*", hi, hi! Leben ist doch etwas so Einmaliges! Schaun sie doch bloß mal aus dem Fenster, wenn unser Zentralfeuer untergeht! Diese Myriarden kalten Funkelpunkte sollen sowas ähnliches sein, wie unser Warmer Heiliger Kern und alles zusammen sone Art Überwesen... Sie und ich, Frau Nachbarin und all die Millionen Mitbürger auf unserem lieben alten Elektronenball Balmer wären dann ja nur noch ein Nichts...
Makrologen! Spinner!! Sollten lieber anständig arbeiten!!!

Tja, aus der Sicht jener hypothetischer Miniwesen erscheint die Existenz irgendwelcher „übergeordneter" Überwesen phantastisch. Aus wär´s mit ihrer schönen Einmaligkeit... Schmerzlich – wie jeder Verzicht auf Exclusivität oder Privilegien... Versuchen Sie nur mal, einer hochintelligenten und tiefreligiösen Kopflaus einzureden, unter ihren Füßen kreisen „Gedanken" eines „Menschen", welchem sie samt Sippe nur Ungeziefer ist! Ihr herrlicher, unermeßlicher, zuzeiten von unerklärlichen "schaumigen Überflutungen" heimgesuchter Säulenwald nur „Haare" auf dem „Kopf" eines solchen „Überwesens"! Dieses hinwiederum nur Glied größerer Gemeinschaften, Vereine....... staatenbildend gar gleich ihren emsigen Vettern, den Emsen! Unglaublich! (Obwohl sich´s noch auf gleicher Ebene befände, Wesen einer Dimension quasi...)

Doch nun zurück zur echten Subdimension, den Miniwesen auf dem Planeten BALMER 1 irgendwo in unserem Fingernagel, den wir meinetwegen grade gedankenverloren abknabbern. (Die dortigen Makrologen konstatieren sogleich eine rätselhafte Kontraktion ihres Alls und kreieren flugs DIE ALLGEMEINE MAKROSTAUCHUNGSTHEORIE.) „Wir" spucken ein abgekautes Fingernagelstückchen in eine dunkle Zimmerecke, ohne zu ahnen, daß „sie" derweil <u>und deswegen!</u> in generationenwährenden Kontroversen ihre gesamte Makrologie revidieren müssen – die Auferstehung der ÄTHERWINDTHESE...

„Unser" Krümel landet nach einer Zehntelsekunde – „ihre" Ätherwindthese stirbt in einem ihrer „Jahrhunderte"... Die Zimmerecke ist dunkel und still (steady und state) - „sie" begraben nach –zig Generationen alle makrogonischen Hypothesen, schmunzeln über den Urknall ihrer Urahnen und erahnen den Wärmetod ihrer Urenkel...

Wenn wir am nächsten Morgen den Kehrricht in den Schnee schütten, beginnt „ihrer" unendlichen Nachfahren KALTE HELLE ÄRA...

(Ihr Himmel wird *„überall so hell wie die Sonne"* und unser Stephen Hawking hat *wenigstens damit* Recht behalten.) Keine Supernovae mehr. Anstieg der galaktischen Entropie. Wärmetod erfolgt 10^{23} Generationen früher. Weltformel wird dementsprechend praecisiert. (Wenn nichts dazwischenkommt, was „sie" mit bestem Willen und allerbester Computersimulation nicht überschauen und vorausberechnen können...) Natürlich hätten wir den Fingernagel auch runterschlucken (Igittigittigitt, *„frühverzweigt feinkörnige Universumsgeschichte" gemäß GELL-MANN)* oder den Kehrricht in den Ofen schütten können (mit weiteren Verzweigungsmöglichkeiten *„divergierender grobkörniger Geschichten"* Gell-Mannscher Art in Abhängigkeit von der Heizungsperiode et cetera in infinitum analogum - dito S. 216 ff in *„DAS QUARK UND DER JAGUAR" Piper-Verlag München 1994* - zwar eben erst gelesen (Juni 2000), aber das konnte ich mir nicht verkneifen, das mußte ich beim öden Abtippen meiner vergilbten Manuskripte mit unterwuchten . . .)

Weiter im Text:
Unendlich weise und einsichtig sind „sie" – sonst hätten sie ja wohl ihren Heimatplaneten Balmer 1 kaum über Jahrtausende hinweg bewohnbar erhalten können. (Einschub: Jahrtausende ist natürlich inkorrekt. Exakt alle 100 Millionen "Jahre" muß ein Elementarteilchen wieder *„grade gerichtet werden, da seine Wellenfunktion in diesem Zeitraum* [oder Raumzeit?] *zerfließt",* haben Ghirardi, Rimini und Weber 1980 "herausgefunden".) -
Und doch werden sie „uns" hinter, über, in ihren extragalaktischen Weltläuften weder erkannt, noch erahnt haben. Jeder durchschaut bestenfalls seine Welt, überblickt seine Dimension. Bestenfalls...
Angenommen aber, einer „ihrer" Denker hätte „uns" postuliert, die Existenz unabhängiger Wesen höherer Ordnung aus Ungereimtheiten bisheriger Makrologie gefolgert. Wie sollte er seinen „Dimensionsgesellen" das schonend beibringen oder sie gar noch darüber aufklären, daß selbst wir, seine hypothetischen Makrowesen, unsererseits bloß winzige Kreaturen auf einem noch höher dimensionierten „Planeten" seien, welcher (gleich ihrem Balmer 1 um seinen Zentralkern) um ein analoges massives Zentralgebilde kreist, das hinwiederum samt all seinen solchen Planeten nur Puzzlestein in einem n o c h höherdimensionierten Megagebilde sei, deren viele ihrerseits nötigerweise weiter übergeordnete, wieder eigengesetzlich strukturierte und funktionierende, auf ihre Art möglicherweise „belebte" Wesensheiten bilden, welche sich zwangsläufig zu noch höherdimensionierten Gigagalaxen rekrutieren und so fort? Natürlich unendlich (nach „oben" u n d „unten"), denn ein Ende ist undenkbar wie ein Anfang. In Raum und Zeit...
Versuchen Sie's doch mal! - - - - Und was war davor? - - - - Und was kommt danach und dahinter? - - - - Und *d a* h i n t e r ? - - - - Na, also! Der ursprüngliche Anfang ist wie das endgültige Ende und das absolute Nichts *davor und danach* eine Denkunmöglichkeit und also wenigstens unwahrscheinlicher als das Unendliche.
- Übrigens schließen auch schon viele species „unserer" Micro- und Makrologen derartig – Ausschluß des Unwahrscheinlichen, um dem Wahrscheinlichen näher zu kommen. Überall dort, wo's noch nichts rechtes zu messen und also zu rechnen gibt.
– Nicht?! Sollten sie aber! Leider wird oft noch aus purer Denkfaulheit einfach irgendwo ein Punkt gemacht. - Getragen aber wird die Erdscheibe von vier riesigen Elephanten, die ihrerseits auf einer gigantischen Schildkröte stehen. Punktum. + + + Worauf aber steht diese Schildkröte?
Woraus bestehen diese Tau-Neutrinos?
Was aber war vor dem Urknall?
Wer sich diese Fragen noch nicht einmal selbst gestellt hat, komme mir nicht mit Auskünften über deren Dichte und dessen Zeitpunkt. Das unendliche All in eine endliche Formel sperren wollen! Wer die wissenschaftlich wertvollsten, weil allgemein brauchbarsten Abstrakta wie Raum und Zeit demoliert oder gänzlich fallenläßt, um alles „Ungereimte" in sein einmalig schönes und supersymmetrisches Reimschema pressen zu können, sollte dann auch auf exakte Zeit- und Entfernungsangaben

verzichten. Axiome sind grundsätzlich oder gar nicht. Kantsche Grundbegriffe sind *a priori*, von vornherein, nicht weiter zurückführbar.

Angeblich hat sich beim Urknall die Materie den Raum erst erschaffen. Ausdehnung, Ausbreitung – wohin? Platz muß demnach ja *vor*handen gewesen sein... Soll ich „PLATZ" nun als „Prae – RAUM" postulieren, damit RAUM für eine beliebige Belegung bleibt? Auch dies philosophische Unbehagen erfordert also eine befriedigende Theorie. In ihrem Lichte werden die Wirkungsgrenzen „unserer" kleinen Gesetze sichtbar und all die Begriffsverbiegungen sinnlos. Übergeordnete Zusammenhänge und Wechselwirkungen lösen all unsere Ungereimtheiten in Wohlgefallen auf. Wir erkennen uns als Öltropfen im Getriebe eines Fahrzeugs, dessen Kurs und Geschwindigkeit wir eben nicht allein und ausschließlich aus den niederen Gesetzen unserer Viskosität berechnen können... Ebenso plötzlich schwindet die Unschärfe vor unserem inneren Auge und wir erkennen entzückt ganz weit unter uns, in uns, eigengesetzliche Ölbakterien am Werk, die wohl die bis dato unerklärlichen Veränderungen unserer ABSOLUTEN VISKOSITÄT erklären. (Und wir hatten schon die liebe Zeit zusammengestaucht, nur um unser rätselhaftes Langsamerfließen, „Zäherwerden" nicht zugeben zu müssen. Peinlich !)

Haben wir denn überhaupt schon mal versucht, all unsere kosmologischen Ungereimtheiten sinnvoll zu deuten? Wir haben in all unseren Interpretationen doch immer nur unsere eindimensionale Elle angelegt, alles durch unser alleinseligmachendes „Kopflausperspectiv" betrachtet: Die KONTINUIERLICHE AUSLICHTUNG, die schon unsere Urgroßeltern beängstigte, wird apokalyptisch im GROSSEN KAHLSCHLAG kulminieren. Im sichtbaren Teil unseres Universums sind solch unbewaldete Globen wiederholt beobachtet worden... Daß die NACHTSCHWARZE SAMTKUPPEL, die uns zuweilen vor der GLEISSENDEN HELLE schützt, die „Mütze" eines „Überwesens" sein könnte, ist einfach nur lachhaft. In Wirklichkeit wird der *„überall und immer hell wie die Sonne gleißende Himmel"* (Stephen Hawking) natürlich nur durch die *„nach außen hin kontinuierlich schneller werdende All*explosion*"* (Edwin Hubble) verhindert.

Eine Kosmos*kontraktion* aber hätte folglich einen überall und immer **noch viel heller** als die Sonne gleißenden Himmel zur Folge, was natürlich kein Mensch ertragen kann und das also zwangsläufig zum ENDKOLLAPS führt. („Big Crunch") - Wer's nicht glaubt, hat eben noch keinen Urknall. - - - Freuen wir uns also, daß wir diejenigen sind, die die Mütze aufhaben und den weiten Horizont. Doch hinterm Horizont geht's weiter, meine Herren Kosmostheologen! Und dadrunter und dadrüber natürlich auch...

Seien wir also mal aus Spaß so ein hypothetisches Überwesen, dem die Milchstraße ein versehentlich in seine gigalichtjahrelange Luftröhre gelangtes Milchtröpfchen ist und ihm ein Hüsteln entlockt, welches die Milchstraße samt aller angrenzenden Galaxien in´s Wirbeln bringt und welches irgendwelche kleinen Milchstraßenbewohner flugs als Galaxenspinquantenzahlsprung oder als Hubble – Zahl – Anstieg deuten. Meinetwegen sei die lokale Galaxiengruppe beim Einatmen als Staub in eines unserer sich gewaltig ausdehnenden Lungenbläschen geraten. Milchstraßenanwohner, Andromeda-, Krebs- und Pferdekopfnebelbewohner registrieren entsetzt eine nach außen zu immer schneller werdende Allexplosion, emittieren COBE-Minisonden, die die Galaxienfluchtgeschwindigkeit exakt messen und daraus Anfang und Ende unseres Atemzugs berechnen...

Wir halten die Luft an. Sie konstatieren ein „stady and state" – Universum.

Wir atmen aus. Sie berechnen aus der rätselhaften Kosmoskontraktion (unseres winzigen Lungenbläschens!) den Zeitpunkt des allumfassenden und endgültigen Endkollaps auf die 12. Stelle hinter´m Komma genau, nennen ihn „Big Crunch" und gratulieren einander zu ihrer genialen Allstauchungstheorie. -

Uns bleibt ihr seltsames quarksiges Wesen, ihr winziges Wuseln in uns schleierhaft. Unser Werner Heisenberg nennt es unscharf und unser Nils Bohr wird angesichts der Gesetzlosigkeit der Viren in unserem Lungenbläschen von erkenntnistheoretischem Entsetzen gepackt. Das schüttelt auch all seine Jünger, doch tapfer forschen sie weiter. Soeben haben sie den Milchstraßendrall entdeckt oder ausgerechnet und ihn „Tau-Neutrino-top-spin" getauft. Den rätselhaften Zusammenhalt der Megagalaxien überhaupt aber deutet unser Ed Witten als allumfassenden **M**-String, der **M**akro- und **M**ikrokosmos gleichermaßen beherrscht...

Wirklich haltlos die Vermutung, daß die neue texanische Protonenrennbahn durch einen unvorhersehbaren Qualitätssprung die erhofften S-Quarks tatsächlich freisetzt – als Zünder eines neuen Miniatur – „Ur"knalls. Dann wären wir endlich wieder Zentrum des Kosmos. Im Blickpunkt „höherer" Mikroskope nur ein Aufblitzen, ein Zählimpuls. Im Gesichtsfeld „niederer" Teleskope ein Anzeichen für den sich anbahnenden Endkollaps des von ihnen überschaubaren Kosmos...
Goethes Zauberlehrlinge hätten endlich ausgelernt...
(Auch lachhaft! Die sind doch überhaupt nicht lernfähig! Haben in 2000 Jahren nicht einmal gelernt, ihr Zusammenleben auf unserem Erdball sinnvoll zu gestalten. Verstecken sich hinter „Sachzwängen" und "höherer Fügung", um die Verantwortung für die Gestaltung ihres eigenen Schicksals nicht auch selber tragen zu müssen.) -

Zurück zum Text.
„Die da oben" erkennen „uns da unten" natürlich ebensowenig, wie wir sie. Wir deuten das Auf und Ab **ihrer** Atmung brav als Rot- oder Blauverschiebung gemäß dem uns begreiflichen Dopplereffekt, je nachdem wir einen Moment Expansion oder Kontraktion mitkriegen. Krümmt sich das Gebilde, das über unsere Hutschnur geht, schneller, als es unser Dogma erlaubt, verbiegen wir eifrig unsern grade gerichteten Raum und unsere absolut unabhängig definierte Zeit, nur um den _daraus abgeleiteten_, aber leider geheiligten Begriff der Vakuumlichtgeschwindigkeit zu schonen. Wir rechnen, um nicht denken zu müssen. Aber genau!

In der Mathematik scheuen wir uns nicht vorm Betreten beliebig hoch dimensionaler Vektorräume, weil, - da find´t uns keiner. Schön überwindig und unverbindlich. - Darf´s für´n paar Zehnerpotenzen mehr sein? Ein paar neue Spruchblasen aus der Blasenkammer? Ein paar nagelneue top – strange – Tau - Neutrinos, wenn´s beliebt?

Zu ARCHIMEDES Zeiten, als alles Mechanik und die Mechanik folglich allen alles war, wären Vermutungen über elektromagnetische Kraftgesetze oder Kernreaktionsgleichungen als Unmöglichkeiten verlacht worden. Heute verlacht man alles, was den unfehlbaren und alleinseligmachenden relativistischen Feldgleichungen nicht gleicht, hält alles nicht von ihnen Erfaßbare für unmöglich, für einen Tabubruch, für eine verbotene Landung auf der *terra incognita*.

Kaum aber ist Kolumbus an Land gegangen, sind alle Cortez´s wieder da. Finden sich gleich prächtig zurecht und fette Beute obendrein. Sind und bleiben Rennleiter auf der großen texanischen Protonenrennbahn: Zielband SUPERSTRING, made by Steven, Stephen und so ons ltd. Haben´s plötzlich alle schon längst geahnt. Steckte implizite eigentlich alles schon irgendwie drin in ihrer WELTFORMEL. War halt nur ´ne kleine Interpretationslücke, das *crazy german independence – thing...*

Wie dem auch sei – eins werden all die mathematisch-technisch brillanten cleverlys auch übermorgen noch nicht erjagen: eine dunkle Ahnung von der Eitelkeit ihres eifrigen Strebens. Ihnen allen fehlt Demut. Sie ersticken an Anmaßung, sind von ihrem eigenen Glanz geblendet. Halten sich für die Krone irgendeiner Schöpfung. Ihre Hoffart läßt sie sich fanatisch an ihre Zentralposition klammern – so, wie einst die römisch-katholische Kurie ihren Vatikan für den Dreh- und Angelpunkt des Universums hielt. Sie suchen nicht stille Einsicht, sondern spektakuläre Aussicht, glorreiche Bestätigung ihrer Vorurteile. Und da sie diese mit der Masse teilen, verlängert man ihnen trotz offensichtlicher Ineffizienz immer wieder das Mandat. (Wie den ebenso sinnlos parlamentierenden Egokraten...)

Tja, wie verdaut nun der allgegenwärtige Egozentrismus die Einsicht seiner dimensionalen Mittelmäßigkeit? Er wird so schwer daran schlucken, wie der mittelalterliche Mitteleuropäer am runden Erdball und der NEUEN WELT. Wie der ewige Katholik an Kopernikus. Wie der Schöpfungsgläubige am Darwinismus. Er wird sich schon irgendwie rausreden. Hier auf Verdacht schon mal ein paar Ausreden: Diese neuen übergeordneten und unabhängigen Wesenheiten sind ja überhaupt das, was wir schon

25

die ganze Zeit gepredigt haben: Götter. Und die niederdimensionalen Geschöpfe . . .
nu ja, nu ne ...... Tja, für die sind dann eben wir die Schöpfer! Ha! Haut doch hin,
wa? Geht alles wieder seinen geregelten religiösen Gang! Und in der Tat, sie haben
recht! Das Wesen ihrer Gottheiten hat sich schon so oft und so wesentlich gewandelt,
ohne daß die eigentliche Religionsidee beschädigt wurde:
   Glaubensinhalt wird bleiben, was der Verstand nicht faßt.
   Götter sind nach wie vor Inbegriffe des Unbegriffenen,
   verschiedene kleine Fassungen des großen Unfaßbaren.
   Nur, daß man nun den Himmel noch ein wenig höher hängen muß. -
Der Klerus wird's verkraften, wie er alle bisherigen Rückzüge überstanden und als
Fortschritte interpretiert hat. Er wird weiden seine Schäfchen weiterhin auf elysäischen
Auen und diese Triften werden bleiben die Gefilde der Seligen ewiglich. Denn selig
sind, die da geistig arm sind. Ein rechter Gläubiger fragt nicht, woher – Hauptsache,
er kriegt seinen Segen. Er will nichts wissen über die Struktur der Daunenwolke oder
die Dimension der Sternenkuppel. Menschlich Wißbegehren wird ihm suspekt, so es
den engen Lebenskreis verläßt. <u>Hier</u> will er redlich wirken, auf daß es ihm <u>dort</u>
wohlergehe. Wo? Die Frage ist eitel, wie jede ketzerische Frage.
   <u>Jede</u> Heilslehre ist in sich geschlossen und hält alle nötigen Antworten parat.
   „Die Frage nach der »Zeit vor dem Urknall« ist so sinnlos,
       wie die Frage nach dem »Land nördlich des Nordpols«
   - für solcherart Glaubensbekenntnisse erhielt Stephen HAWKING die Medaille der
PÄPSTLICHEN AKADEMIE DER WISSENSCHAFTEN.
Päpstliche Akademie der Wissenschaften! Der größte Witz der Weltgeschichte!
Giordano, sie verbrennen Dich abermals in ätzendem Hohn . . .

Heilige „*Ehrfurcht vor dem Leben*" (Albert Schweitzer) und auch einfältige Gottesfurcht werden wohl dennoch ein weiteres Jahrtausend nötig sein – zur Wahrung unserer Kultur und Zivilisation. Es hat sich nämlich jüngst wieder mal so richtig deutlich gezeigt, daß sich die Gattung Mensch wesentlich langsamer und ungünstiger entwickelt, als noch von Doctor Faust diagnostiziert. „*Es zieht ein Sumpf sich am Gebirge hin...*" und „*...wer immer strebend sich bemüht...*" Hustekuchen! Kein höh´res Streben – keine Erlösung! Zurückgeplumpst sind wir – dahin, wo der Sumpf am dreckigsten ist . . . Und nun quakts frohlockend aus des Sumpfes Tiefe, daß dies denn ja nun wohl doch offensichtlich der höchste Ort sei. (*Francis Fukuyama, „Das Ende der Geschichte", 1992*)

Zerschmettert liegen wir auf dem harten, harten Kirchenplatz wie weiland der SCHNEIDER VON ULM und müssen es uns wieder einmal anhören, daß nie ein Mensch fliegen wird... Ist ja kein Vogel schließlich! triumphieren die Prälaten. Tja, er hat wieder Oberwasser, der Klerus. Geistliche aller Konfessionen, begeistert euch! Euer Job ist krisenfest. Die Menschheit ist kindlich noch und also euer bedürftig. Ihr dürft diese Horde springlebendiger, unternehmungslustiger Dreijähriger nicht eine Minute allein lassen in dieser Welt voller gefährlicher Spielzeuge. Sie müssen noch lange und fest an euch und den Weihnachtsmann glauben. Ob selber gläubig oder nicht – jeder sich dieser Sendung bewußte Seelenhirte ist bitter nötig in unserer ungebärdigen, unmündigen Menschenschar. Laßt euch nicht täuschen von ihrer technischen Perfektion, ihrem altklugen Geschwätz! Sie können noch nicht einmal sich selbst, wollen aber schon den Globus beherrschen. Wehe, wenn sie losgelassen! Es ist eine ungeheure Kluft zwischen Wissen und Ge–wissen, zwischen Verstand und Vernunft, zwischen cleverer Raffinesse und Heiligem Geist, zwischen Mandat und Verantwortung. Ihr müßt sie überbrücken, wenigstens solange, bis der *homo sapiens erectus* seine optimistische Gattungsbezeichnung begreift und bestätigt...

Überlaßt sie um Himmelswillen nicht ihren Politikern! Diese kleinen Racker wählen sich nämlich meistens die größten Räuber zu Anführern . . . und schimpfen dann wie die Rohrspatzen, wenn die sie dann anführen . . .

Nachtrag 23. 09. 2004 : Diese Passage muß wohl noch aus dem Jahre 1990 stammen. Die Rolle des Klerus hatte ich damals wohl noch nicht so recht durchdacht, vieles andere schien mir während der Wende wichtiger. Ich war hellauf begeistert von Pastor Markus Meckels flammenden Aufrufen, beeindruckt vom gesellschaftspolitischen Engagement der pastoralen SDP-Gründer in Schwante, bin deren Verein sogar beigetreten in grenzloser Naivität anno 1989 . . .

. . . nun aber wieder zurück zum URTEXT :

27

... **nanu, ihr seid ja auch noch hier,** ihr kleinen Racker! Ihr braucht wohl keinen seelsorgerischen Beistand mehr, he? Habt selbst schon über Gott und die Welt nachgedacht, was? Mir ist übrigens die hier skizzierte Struktur des Alls schon mit 15 eingeschossen. Irgendwann, nachdem ich mit heißen Ohren mein Jugendweihegeschenk verschlungen hatte. Es hieß „WELTALL ERDE MENSCH" und war wohl kein schlechtes Buch. (Für meinen westdeutschen Leser: Das war das Standard-Staats-Präsent der DDR für fast alle Ossikinder, sogenannte JUGENDWEIHLINGE. Du mußt Dir das wie sone Art atheistischer POLITKONFIRMATION vorstellen.) Schon damals wurde mir in mehreren schlaflosen Nächten klar, daß das alles hinter den fernsten Galaxen gar nicht aufhören *kann*. Wie sollte denn der „Rand" aussehen? Und was kam _dahinter_? Lauter unlösbare Fragen, nein, DENKUNMÖGLICHKEITEN. - Also *mußte* „das andere" dann das einzig mögliche sein. Logo. Und nach „innen" hinein natürlich analog...

Angestunken hat mich schon als jungen Bengel die Anmaßung, die in der so eindeutigen Deutung der Rotverschiebung als Sternenflucht und dieser als Extrapolation des _also daraus zweifelsfrei zurückrechenbaren Urknalls_ lag. Sofort schossen mir zwei, drei andere Erklärungen durch den Sinn, die diese eingebildeten Erwachsenen nicht mal erwähnt hatten, obwohl sie auf der Hand lagen! (Ärgerlich, wie dieses arrogante „*wie man leicht sieht*" in für mich oft nur schwer durchschaubaren mathematischen Beweisen...) - Wieso haltet ihr gar nicht für möglich und also widerlegenswert, daß eure sogenannte Rotverschiebung auf der energetischen Aufreibung der Photonen auf ihrem langen, beschwerlichen Weg von fernen Sterneninseln zu uns oder sonst noch welchen unfaßbaren, vielleicht nie greifbaren Phänomenen beruht, he? Na, wartet, wenn ich erst richtig rechnen kann, werd ich´s euch aber beweisen! - - - Dabei ist´s leider geblieben...

Mathematisch sehe ich noch immer ganz schön alt aus. Gelinder Trost nur, daß olle Einstein die Formeln seines Kumpels Hasenöhrl selbst nicht mehr so recht begriff, nachdem sie die PROFIS in die Mache genommen hatten. Eigentlich wollte ich mit dem Aufschreiben meiner ganzen Weisheiten warten, bis ich sie gebührlich „mathematisch untermauern" kann. Ihr wißt, eine Wissenschaft wird erst in dem Grade zu einer solchen, in dem es gelingt, sie zu mathematisieren.

Aber wie das so ist im Leben – Schule, Studium, Sport, Sportfreund(in), Familie, Kinder, Beruf, Arbeit, Arbeit, Arbeit - ich bin nicht eher dazu gekommen. Natürlich auch nicht zu tiefgründigen Privatstudien nach Feierabend, den ein Lehrer bekanntlich nie hat. Aber deswegen auch nun noch länger bangen, ob diese frechen Amis vielleicht doch noch mal selbst drauf kommen, *„was diese Welt im Innersten zusammenhält"* – nein, das denn lieber doch nicht! Und obwohl die Amis im Philosophieren ja wohl wirklich tote Hose sein müssen, wenn sie ihren Francis zum Oberdenker wählen..... wer weiß, wer weiß ...

Apropos Francis Fukuyama! Mit Dir muß ich wohl doch noch ein Hühnchen rupfen! Wie kann man sonen Stuß verzapfen und ihn denn auch noch veröffentlichen!

Das Ende der Geschichte!
*Wo doch das offensichtlich infantile des **homo sapiens** jedem in die Augen springt: Zanken sich wie die Kinder um Bananen, die sie obendrein anderen, noch kleineren Gören stibietzt haben. (Oder abgeschachert, ist auch nicht viel besser!) Zapfen das kostbare Ölfaß im Keller an und spielen damit Kaufmann! Wo ick se dat schon hundertmal verboten hab! Natürlich habense wieder die Hälfte verkleckert! Allet uff unsan scheenen Rasenteppich, wo wir doch nur den einen haben! Neulich habense sogar dabei gekokelt und allet abgefackelt. Die ganze Bude war blau. Bloß weil se sich bei´t Schachern dauernd inne Wolle kriegen. Natürlich hat nie einer angefangen. Aber det kennense ja von ihre Lauser... Manchmal denk ich schon, die können gar nicht mehr vernünftig miteinander spielen. Unsere Goldfische im Gartenteich habense auch schon ganz eingesaut bei ihrem ständigen Schiffeversenken. Mit dem schmierigen Öl auf dat saubere Wasser! Mistfinken! Ich glaub, ich krieg die nie mehr groß... Und dabei so frühreif! Malkern mit die Karnickel rum, sperrn die Katze mit inne Bucht und spannen, wat dabei rauskommt. Katznickel oder wat. Die Kraidse haben sie sich auch schon geholt bei diese gottlose Sodomie oder Genmanipulation, wie´t neuerdings heißt.*
Und überhaupt – wie die mit allet rumaasen! Als hättet nüscht jekost´t! Einmal mit jespielt und denn wechjeschmissen! Dauernd wat Neuet inne Finger und halten tut et von zwölf bis Mittach! Mutwillig kaputtjemacht! Und eitel! Denkense, die ziehn zweimal dieselben Klamotten an? Jeden Morgen muß ick ihr wat neuet, schniecket rauslegen, sonst jehnse jarnich mit los. Ick weiß schon nich mehr, wo ick dat janze Zeugs herkrieg und wo ick mit dat „unmoderne Gelumpe" bleiben soll... dabei isset noch janz jut! Fatzkes! Det eenzje, wat se aussa schachern und zanken noch können, is fernsehn. Stundenlang, sach ick Sie! Ein Scheiß nach den annern... Und denn dat ewige compjutern! Ejalwech vor die Mattscheibe... un immer detselbe – durchjeladn un rattatata! Det kann doch nich jesund sind! Aber uff mir hörense ja schon lang nich mehr... Dat eenzije, womit ick ihr imma noch son bißken zur Räsong krich, isser Paster. Der hat die Rasselbande in Zuch, det kannichse sagen! Lammfromm kommense immer ausse Christenlehre. Manchmal hältet den janzen Tach, besonders vor Weihnachten... Aber sonst wäret Essich...
*R e d e n müßten sie die mal hören! Sowat von altklug! Die doemlichsten reißen den Rand am weitesten uff, unjelogen! Und eine hochjestochene Wörter kennen die – da kommt unsereins jarnich mehr mit. Aber wennde jenau uffpaßt, isset Bockmist. Bocksgesang, **„geschwollener Bocksgesang"** sagense nu druff.*
Aber ick halt Ihnen uff, Sie haben ja ooch noch wat andret vor. Machenset jut, bis morjen! Und jrüßense Ernan schön wieder!

Das muß reichen, Herr Fukujama. So green sind unsere peoples.
Natürlich sind die amerikanischen Erwachsenen wesentlich reifer, die reifsten der Welt, versteht sich. Excuse me, mister, das tut mir so sorry! Sie sind natürlich bei der Beurteilung des Entwicklungsstands der menschlichen Gesellschaft von aktuellen amerikanischen Zuständen ausgegangen.

Da bekanntlich aber der american way of life der einzig akzeptable ist, muß der Rest der Welt eines Tages zwangsläufig dahin gelangen, wo Sie Ihre gediegenen Analysen anstellen und schon heute zu einem derart epochalen Resultat kommen konnten. Wer auch nur einmal einen orritschinell ähmerrikänn Präsidentschaftswahlkampf und / oder eine wrestling–show am Bildschirm miterleben durfte, wird begreifen, daß eine Höherentwicklung der menschlichen Rasse unwahrscheinlich, *das Ende der Geschichte* wohl tatsächlich angebrochen ist...

Bevor also das Hauptbuch der Menschheit endgültig abgeschlossen wird, habe ich meine uralten und ureigensten Ideen dieser Tage kurz skizziert und aktualisiert, um sie vor Redaktionsschluß doch noch irgendwo unterzubringen. Hiermit bitte ich also die renommierten Quantenphysiker-, Astrophysiker-, Astronomen-, Kosmologen-, Philosophen- und Theologengremien um Ihre geschätzte Aufmerksamkeit, gefällige Kenntnisnahme und gebührende Publikation in Ihren jeweiligen Fachblättern trotz möglicherweise mangelhafter Fachterminologie. (Julius Robert Mayer hat ja auch Kraft statt Energie gesagt und der große Faraday war ein schwacher Rechner. Drücken Sie also jetzt ein Auge zu, damit Sie später nicht als Ignoranten dastehen.)

Mit dieser Publikation beanspruche ich das Urheberrecht für die Hypothese der unabhängigen, eigengesetzlichen „Multi-versen", in die unser Uni-versum eingebettet ist bzw. die in unser Universum eingebettet sind bzw. die sich mit unserem Universum auf quasi paralleler Dimension störungsfrei überlagern. Sie klärt die widersprüchlichen und unbefriedigenden Interpretationen der Rochester / Berkeley / Garching – Experimente zur Nichtlokalität, indem sie diese ganz einfach zu von uns unerfahrbaren und unermeßlichen Wesensheiten erklärt. Jede Dimension hat neben ihrer „unteren" Unschärfeschranke wohl auch eine „obere" Verschwommenheitsschwelle, die uns unter anderem auch weitere Fehldeutungen des Michelson/ Morlay - Experiments erspart. Die sagenhaften Tau - Neutrinos, die Sonnen wie Planeten ungestört durchqueren sollen, weil sie durch keinerlei Kraftfelder beeinflußbar sind, werden sich also auch nicht von irgendeiner unserer raffinierten Meßapparaturen beeindrucken und einfangen und registrieren lassen. Wer das schafft, schwindelt.

Vier ist vielleicht die Anzahl der von uns erfahrbaren Naturkräfte, mehr wohl nicht. Wer damit ein angeblich allumfassendes Standardmodell konstruieren will, gleicht in seiner Anmaßung dem mittelalterlichen Klerus, der den Vatikan zum Zentrum des Kosmos erklärte. An Anmaßung hat es nie gemangelt. Jeder, der etwas auf sich hält, hält seine kleine Gleichung für der Weisheit letzten Schluß.
Jeder Unfehlbarkeitsanspruch aber ist zu verwerfen.
  Ich sehe, daß auch das endgültig klingt.
  Ich gestehe, daß ich *nichts* für endgültig halte.
Aus meiner Fundamentalkritik folgt auch die erkenntnistheoretische Unmöglichkeit der von großen Experten gleich dem *perpetuum mobile* vergeblich gesuchten **Weltformel.** Als ebenso bedauerliche Verirrung erweist sich in ihrem Licht die Degradierung der sinnvollen und zweckmäßigen a priori–Denkmodelle **RAUM** und **ZEIT** zu von Ding und Vorgang abhängigen Begriffen zugunsten einer angeblich universellen Naturkonstanten, der Vakuumlichtgeschwindigkeit.

Als eine philosophische Anmaßung erscheint nun auch die Auszeichnug *einer* kosmogonischen Singularität als *den* Anfang schlechthin. Der so genannte **UR-KNALL** ist neben einer unsinnigen Denkschranke aber auch eine trefflich hintersinnige Bezeichnung, was mir weiteres erspart.... *(ja, sucht nur, nicht aufregen, schöööön weiterrechnen, gaaanz ruhig bleiben... u. ä.)*
Als Eckpfeiler der christlichen Theologie des Abendlandes hat jedoch auch dieser zunächst recht einfältig anmutende Urknall ein dreifältig Wesen. Zum Ersten entbindet er die Kosmostheologen von ihrer Forscherpflicht: durch **VATER** Lemaitre sind sie endgültig erleuchtet und der ewigen Wahrheit teilhaftig worden. Zum Zweiten enthebt der all seine geistlichen **SÖHNE** jeglicher Eigenverantwortung: Zwischen Urknall und Endkollaps ist eh alles vorherbestimmt und also auch deren eigennütziges Sinnen und Trachten. - Zum Dritten schließlich erklärt er allen dem Heiligen Standardmodell entsprossenen Unsinn zum **HEILIGEN GEIST** und ist somit ewiger Ablaß für alle aus diesem Dogma abgeleiteten unzähligen pseudogelahrigen profitablen esoterischen Traktate. -
Allen vernünftigen Menschen aber ist dies ein Greuel – die halten nämlich längst die **VERNUNFT** für den **HEILIGEN GEIST** der Menschheit . . .

Nutzlos sind die Spekulationen um einen möglichen Wärmetod der Welt. Der spielt sich fortwährend in den verschiedensten Allgegenden ab, während anderenorts junge, energische Kosmen geboren werden. Töricht der Versuch, dabei zuschauen zu wollen. Trotz beachtlicher Weitsicht werden wir nie den Überblick erlangen. Zwischen Seebeben und Grillenzirpen gibt es keine Resonanz. Und auch keine Interferenz, mit der man neuerdings alles zu ergründen glaubt...
  Die verhängnisvolle Neigung der Menschen, von einem Extrem ins andere zu verfallen, scheint mir schuld nicht nur an der gesellschaftspolitischen, sondern auch an der naturwissenschaftlichen Krisis zu sein. Man übertreibt gern. Auf die Aristotelische Spekulationsmode folgte der Galilei´sche Experimentiertic, der nun von Schrödingerschem Gleichungsglauben und Weinbergschem Weltformelwahn abgelöst wurde, einer Überbetonung der Mathematik im Erkenntnisprozeß bis zum Exzeß. -
Extremum obstinat, haltet Maß !

Bedanken möchte ich mich bei GIORDANO BRUNO
für den unkonventionellen Denkansatz
sowie bei ALBERT EINSTEIN
für den „Stein des Denk – Anstoßes".

Dabel, den 7. 11. 1994   Jürgen Kuhlmann

GRUNDSÄTZLICHES

Geschwindigkeit ist keine Hexerei, nur ein Wort. Ein Begriff wie viele andere, die sich der forschende Mensch schuf, um die Vorgänge um ihn herum begreifen und also beherrschen zu lernen. Vorgänge. Vorgehen. Sich bewegen. Aber flott. Oder schnell. Geschwinde wie die Maus im Spinde. Geschwindigkeit. Ein zweckmäßig gewachsener Begriff also, mit dem man die Schnelligkeit unterschiedlicher Bewegungen oder Prozeßabläufe ermessen und objektiv miteinander vergleichen kann. Vergleichen. Mehr nicht. Denn da jede Bewegung Lageveränderung, Ortswechsel ist, die Orte selbst aber beweglich sind in vielerlei Hinsicht, kann Bewegung nur verhältnismäßig sein und ihr Maß willkürlich.

Diese schlichte Einsicht ist neuerdings verloren gegangen. Man schickt Lichtblitze in raffinierte Spiegelfallen und berechnet aus den dabei beobachteten Überlagerungseffekten die Geschwindigkeit des Lichts mit absoluter Sicherheit. (Die Überlagerungs_fähigkeit_ aber wird demselben Licht sodann auf ewig aberkannt...) Absolute Sicherheit ist immer Vermessenheit, Anmaßung, Barriere jedes Erkenntnisfortschritts, weil Erkenntnis immer nur Annäherung in der Erfassung realer Zusammenhänge sein kann. (Es sei denn, man ist Idealist und billigt seinen Ideen Priorität zu. Aber dazu später.)

Den Lichtstrahl als die bisher beste materielle Inkarnation der mathematischen Geraden willkürlich über dieselbe zu erhöhen, bedeutet Verzicht auf den erkenntnistheoretisch unverzichtbaren Abstraktionsprozeß. *Pfeilgerade* und *schnurstracks* reichen nicht. Zum Prüfen der Geradlinigkeit eines Richtscheits peilt man an seiner Kante entlang, nimmt also den Lichtstrahl als Maßstab. Dennoch faßt der Raum mehr als Lichtstrahlen, ist nicht über sie zu fassen, auf sie zu begrenzen, über sie zu definieren. Bestenfalls zu veranschaulichen, als Abstraktum durch ein Konkretum, ein Ding. Das Photon aber ist eben auch nur ein Ding.

Parmenides begrenzte schon vor 3000 Jahren die Sucht heutiger Deterministen, *a l l e s* von irgendwoher (und irgendwem!) abzuleiten, selbst Grundsätzliches auf den letzten Urgrund "hinter den Dingen" zurückführen zu wollen, mit seinem apodiktischen **"Seiendes ist"**.

<u>E n t w e d e r</u> unterliegen Sachen in ihrem Da–Sein einem Gesetz, werden von außen (von oben!) fremdbestimmt, <u>o d e r</u> ihr Verhalten bestimmt sich aus ihrem letztendlich akausalen, parmenidischen **So – Sein** , das erst bei Wechselwirkung mit anderen Sachen <u>f ü r d i e s e</u> zur Ur – sache werden kann. Die Grundeigenschaft aller Dinge, ihren Zustand beibehalten zu wollen, bedarf keiner tieferen Ursache, ist Wesensgrund. Wenn Verharren wie Nichtverharren Folge von Kräften wäre, wäre Kraft als zustandsverändernde Größe nicht definierbar. (Galileis Zeitgenossen, Jünger des Aristoteles, glaubten noch die Aufrechterhaltung der Pfeilgeschwindigkeit durch fortwährende Übertragung des Bogensehnen-

schubes durch die Luft erklären zu müssen. Wenn die Geschwindigkeit einer Kanonenkugel *"erschöpft sei"*, fiele sie senkrecht zu Boden...)
Wenn Mach die Trägheit von ominösen "fernen Massen" leiht, um sie realen Massen nicht als innewohnende Grundeigenschaft zugestehen zu müssen, ist das Metaphysik, die die Ursache hinter den Dingen und nicht in ihnen sucht. *(Einschub 2004: 1970 hatte ich Mach wohl noch nicht so richtig verstanden.)* - Massen sind träge und schwer aus sich, haben die Grundeigenschaft, in ihrem Bewegungszustand verharren zu wollen und ziehen einander an. Auch das Ding Photon ist träge und beharrt also ohne weiteres in seinem Impuls, bewahrt ihn beständig, solange keine Kraft auf es einwirkt. Dieses gleichbleibende, konstante Beharrungsbestreben ist die einzige, überhaupt nicht außergewöhnliche Konstanz des materiellen Lichts. Darüber hinaus gehende ideelle, also metaphysische Eigenschaften wie zum Beispiel Absolutheit hat ihm der Mach–Schüler Einstein zugedacht. Zugerechnet. Zugeschrieben. *(Was war ich doch für ein fürwitziges Bürschchen!)*

All dies ist eigentlich so simpel, daß man sich fast schämen muß, es studierten Leuten zu erläutern. Und doch ist es leider bitter nötig, denn diese ergötzen sich seit hundert Jahren nur noch selbstgefällig an ihrer mathematischen Perfektion, ohne sich über die prinzipiellen Grenzen der Mathematik klar zu sein. *(Dazu später gründlicher)*

Also nochmal: Die Beschreibungsgröße von etwas so relativen wie der Bewegung hat niemals Anspruch auf Absolutheit, auch wenn es *"sich noch so gut rechnet"*. Und: Wer die Grundbegriffe Raum und Zeit relativiert, nur um die angebliche Absolutheit des aus ihnen abgeleiteten (!) Geschwindigkeitsbegriffs zu retten, gleicht Münchhausen beim Versuch, sich am eigenen Schopf aus dem Sumpf zu ziehen. Weil dieser Versuch aber nun so blendend zelebriert wurde, ließen sich Generationen von theoretischen Physikern täuschen. In ihrem Stolz, dieses atemberaubende Kunststück mathematisch perfekt nachvollziehen zu können, ließen sie sich zu immer neuen Kunststückchen nach demselben Trickmuster verleiten, nur noch bedacht, die Nase vorn zu behalten, die Konkurrenz all der anderen Zauberlehrlinge zu überbieten. – Der Rest ist Routine. Das Rennen war in vollem Gange. Keiner wollte zurückbleiben oder gar aussteigen.

(Und so rennen sie denn noch heute, keiner weiß mehr so recht, wohin. Hauptsache hurtig und in blendendem Stil durch's Spalier des ehrfürchtig gaffenden und großzügig Zielprämien spendierenden Publikums: 8.2 Milliarden Dollar für die neue Protonenrennbahn in Santa Fe, Texas...)

Den Startschuß aber löste 1887 Albert Michelson aus. Der erste, der ihn hörte und seine Chance witterte, war 1905 Albert Einstein. Zu diesem Fehlstart muß mal etwas Grundsätzliches gesagt werden, damit man die Auswegslosigkeit des heutigen high speed Rennens erfassen kann.

DER MICHELSON – VERSUCH

ist der einzige Stützpfeiler, die unsichere Basis eines mit angehaltenem Atem allgemein ehrfürchtig bestaunten schwindelerregend hohen - - - Kartenhauses, der Relativitätstheorie. Da die damit etablierten Kapazitäten Kontroversen fürchten wie der Vampir den Knoblauch, ihre Reputation und ihre fette Pfründe gefährdende Argumentationen einfach autoritär abtun, nur noch einander beachten und erhören und publizieren in einer extra zu diesem Behufe entwickelten, jedem Unwürdigen unzugänglichen Fachsprache, wende ich mich nach –zig verbitternden Abfuhren also nun ausdrücklich an naturwissenschaftlich–philosophisch interessierte Laien, wißbegierige Gymnasiasten, Studenten und sonstige unvoreingenommene Geister.

Zu Michelson

Von einer inmitten eines mit 3 km/h dahinströmenden Flusses fest verankerten Boje startet ein Boot, dessen Motor ihm ohne Strömung eine Geschwindigkeit von 30 km/h verleihen würde. Für 30 km stromauf, die es infolge der Bewegungsüberlagerung nur mit 27 km/h gegenüber dem Ufer zurücklegt, braucht es 30/27=10/9h. Zurück geht´s natürlich schneller – nach 30/33= 10/11h ist es wieder an der Boje. 10/9 + 10/11 sind nun aber nicht etwa genau 2h, sondern sogar 2/99 mehr. 1/9h stromauf eingebüßt und nur 1/11h stromab aufgeholt – das gleicht sich nicht ganz aus. (Auch wenn ihr´s zuhause mit Dezimalbrüchen nachrechnet) Quer zur Strömung, zum 30km entfernten Ufer und zurück zur Flußmitte dauert es genau 2x30/30h, also genau 2h. (Die Abdrift interessiert uns jetzt nicht.) – Wenn nun zwei gleiche Motorboote gleichzeitig von einer Boje inmitten eines kreisrunden <u>ruhigen</u> Sees *(S k i z z e)* zum meinetwegen westlichen bzw. südlichen Ufer starten und sofort zurückkehren zur Boje??? Genau, sie müßten gleichzeitig eintreffen. - Wenn sie dasselbe nun bei Nacht und Nebel auf einem unbekannten Gewässer tun und trotz gutem Kompaß und exakter Wendemarken <u>nicht</u> gleichzeitig bei ihrer Boje eintreffen ? ? ? Genau! Dann hat das Gewässer eine Strömung.

Seht ihr, und so eine ähnliche, bloß viel kompliziertere (weil das Licht ja so verflixt schnell ist) Versuchsanordnung mit Spiegeln als Wendemarken und einem halbdurchlässigen Spiegel, der denselben Lichtstrahl teilt, *in und quer* zur Bewegungsrichtung der Erde dieselbe Strecke durchlaufen läßt, um ihn dann wieder zusammenzuführen, zur Interferenz zu überlagern, **In-ter-fe-renz,** ihr erinnert euch, hat sich ein Herr Albert Michelson ausgetüftelt, um die Bewegung der Erde gegen den "Lichtäther" nachzuweisen. Geringste Laufzeitunterschiede hätten zu einer merklichen Änderung des Interferenzmusters führen müssen; jedoch nichts geschah, wie man die Apparatur auch drehte. Das bedeutet ? ? ? Richtig, es gibt keinen Lichtäther. Genau das hat der berühmte Michelson/Morley–Versuch eindeutig erwiesen. Ein Triumph der menschlichen Experimentierkunst, für den man ihn heute noch bewundert. In ter fe re o me ter. Ja, nimmt man heute noch. Bedenkt nur mal, daß das Licht bei 300 000 km/s (ja, Olaf, deinen Namensvetter Olaf Römer wirst du wohl nie vergessen, genau, die "Verspätung" bei der Verfinsterung der Jupitermonde! Ihr seid ja heute wieder hellwach!) ja, zum Durcheilen einer 3m langen Meßstrecke im Labor nur, na, wieviel Sekunden braucht ? ? ? Genau 3m / 3oo ooo ooo m/s = 0,o1 *Mikro*sekunden, 10 *Nano*sekunden. Aber die Lichtwellenlänge liegt eben auch in der Größenordnung der Strecke, die das Licht in der Laufzeit*differenz* zurücklegen würde, wenn es sie denn gäbe. 3oo ooo plus-minus 30km/s Erdbahngeschwindigkeit, 3m Meßstrecke – ja, rechnet unser Bootsbeispiel mal ruhig durch mit diesen Werten. Zu Hause, zu Hause, gleich klingelt's.

Vielleicht hat's wirklich geklingelt, vielleicht ist wirklich bei dem einen oder anderen Schüler der Groschen gefallen, daß Michelson mit seinem Nullergebnis wirklich nur die Nichtexistenz des hypothetischen Lichtäthers nachgewiesen hat. Daß Licht wie alle übrigen elektromagnetischen Wellen auch recht gut ohne irgendein Medium vorankommt, im absoluten Vakuum sogar besonders schnell (im Unterschied zu Schallwellen, die sich im luftleeren Raum ja überhaupt nicht ausbreiten können), daß die hartnäckige Lichtätherthese also sowieso unsinnig war und irreführend, haben sie jedenfalls begriffen.

Wegen der ungeheuren Tragweite des Experiments für die Entwicklung der Physik im 20. Jahrhundert erkläre ich es aber jetzt doch noch mal ganz langsam, so daß selbst hartnäckige Einsteinjünger es begreifen können. Also: **Michelsons Lichtquelle befand sich auf seiner Meßapparatur, bewegte sich mit ihr und nicht relativ zu ihr. Folglich konnte gar kein Laufzeitunterschied gemessen werden. Bei ein wenig Überlegung durfte das Nullergebnis nicht überraschen. Nur wer sich täuscht, kann enttäuscht werden. Nur wenn man des Glaubens war, daß Licht wie Schall eines Wellenmediums bedarf, konnte man erwarten, daß der Lichtstrahl vom Ätherwind gebremst oder angeschoben wird, Licht- und Erdbahngeschwindigkeit sich je nach Ausrichtung der Apparatur überlagern und einen Interferenzeffekt liefern. Die ohnehin unhaltbare Lichtätherthese ist gefallen – nicht mehr, aber auch nicht weniger. Rast die Erde mit 30 km/s auf eine Lichtquelle zu, müßten uns 300 030 km des Strahls pro Sekunde passieren, fliehen wir vor demselben, wäre die Relativgeschwindigkeit nur 299970 km/s. Das ist wohl auch so, vermute ich. Müßte man mal messen...**

Noch deutlicher wäre der Unterschied zwischen der Geschwindigkeit des Lichts, das uns von einem "blauverschobenen", uns laut Doppler also entgegenrasenden Stern zugeschleudert wird und eines fernen Quasars, der sich laut Hubble mit 80% der Lichtgeschwindigkeit von uns entfernt . . . Leider hab ich kein Interfereometer und die high-tech-Hohepriester werden sich hüten, *"das göttliche Himmelslicht auf die optische Streckbank zu spannen"*, wie Altmeister Goethe so schön formulierte. Dabei könnte sich ja herausstellen, daß sie sich seit 100 Jahren auf dem Holzweg befinden, sich

35

von Albert, dem Verschmitzten und dessen mathematisch versierten Kumpel Marcel Grossmann haben auf's Glatteis führen lassen . . .

Irgendwann in den 20-er Jahren, als SRT und ART bereits in aller Munde waren, klagt er: *"Warum schwätzen die Leute nur immerfort von meiner Relativitätstheorie? Ich habe doch noch andere brauchbare Sachen gemacht, vielleicht sogar noch bessere, aber davon nimmt das Publikum überhaupt keine Notiz."* – Auch keine Notiz nahm das Publikum von Äußerungen wie: *"Seit die Mathematiker meine RT in die Finger gekriegt haben, verstehe ich sie selbst nicht mehr."* Seine Einsicht, daß *"man mit Mathematik alles beweisen könne"* und daß *"Geometrien beliebig und willkürlich seien"* blieb unbeachtet, leider auch von ihm selbst... Wie sonst ist seine Haltung zu deuten, mit der er mißliebige Meßresultate einfach abtut: *" . . . Da haben eure Fakten eben Pech gehabt, wenn sie mit meiner Theorie nicht übereinstimmen. Dann müßt ihr eure Meßgeräte eben noch ein wenig verfeinern, bis eure Ergebnisse den Erfordernissen meiner relativistischen Gleichungen entsprechen."* ?

Weshalb billigt er wohl in seinem Fall der Mathematik Priorität vor der Realität zu? Weil sich damit *"ein System aufstellen läßt"*, das man *"aus irgendwelchen Gründen bevorzugt"*? Ist er der Versuchung durch den Ruhm erlegen oder benutzte er seine ungeheure Popularität, um seine eigentlichen pazifistischen Ziele wirksamer verfolgen zu können? Wem streckt er die Zunge raus? All den Oberschlauen, die ihn in's Patentamt abgeschoben hatten? Albert Einstein oder irrt er ?

Genug . **"Spekulatio non fingo"** möchte ich mal mit Newton sagen. Völlig unglaubhaft aber scheint mir, daß k e i n e r seiner Jünger sich nochmal selbst so seine Gedanken gemacht hat zum Michelson – Versuch. Dabei hätte doch herauskommen müssen, daß dieses Experiment wirklich aber auch überhaupt gar nichts über die Lichtgeschwindigkeit an sich oder aber über die Bewegung der Erde gegenüber irgendeinem anderen Bezugssystem aussagen konnte. Für solche Aussagen hätte sich die Lichtquelle gegenüber der mit der Erde starr verbundenen Versuchsanordnung bewegen müssen. Die Relativbewegung zwischen Erde und einem entfernten Stern erweist sich zum Beispiel aus dem jahreszeitlich wechselnden Vorhaltewinkel des Teleskops, womit man die Abweichung (Aberration) des Sternenlichts ausgleicht, wenn sich die Erde quer dazu bewegt. (So wie ich den Regenschirm in Abhängigkeit von meiner Laufrichtung und -geschwindigkeit neigen muß, damit mich kein Tropfen trifft, neigt der Astronom sein Fernrohr, damit alle Lichttröpfchen [Photonen] sein Okular treffen.)

Halt, stopp ! Könnte man nicht vielleicht sogar aus der Größe des erforderlichen Vorhaltewinkels bei stark blau- bzw. rotverschobenen Sternen, (sich also schnell nähernden oder entfernenden Lichtquellen), Rückschlüsse auf die unterschiedliche Geschwindigkeit des ankommenden Lichts ziehen ? Bei Regentropfen und nassen Schneeflocken, die ja auch unterschiedlich schnell fallen, müßte ich meinen Schirm ja auch anders anstellen . . . Mal ausprobieren. Einen Regenschirm hab ich. Aber an ihre Teleskope werden mich die Hubble – Jünger ja doch nicht ranlassen . . . Sie selber fürchten Versuche, die die Heilige Constanz in Zweifel ziehen, wie die Teufel das Weihwasser – sonst hätten sie sie längst unternommen . . . Die Bewegung des Lichts *darf* nämlich nicht dem Überlagerungssatz unterliegen, die Kettenreaktion wäre katastrophal, würde Hubblekonstante und Urknallidee, ja sogar die fetten Tantiemen von Paul Davies & Consorten mit in's Nirwana reißen. Und deshalb würden sie natürlich solange relativistische Korrekturglieder ab- und zurechnen, bis die Meßwerte wieder in's Dogma passen. Oder flugs den schon lange vermuteten, ja eigentlich schon immer in ihren Gleichungen schlummernden relativistischen *Fernrohrtunnelkrümmungseffekt* (natürlich auf lateinisch!) kreieren und – ene meene mu, dran bist du – einen der ihren dafür gehörig dekorieren. - Jedenfalls wäre dann der neue Effekt ein weiterer glänzender Beweis ti ta ta

Daß die aller Vernunft hohnsprechende progressive Galaxienflucht, eine Explosion, die nach außen hin immer schneller wird(!), "überraschenderweise" ebenfalls verschwände, ficht sie nicht an: Sie haben schon ganz andere Sachen in ihren Wurmlöchern und supersymmetrischen Zeitschleifenformelschlingen verschwinden lassen . . .

Wie dem auch sei – die voreiligen Interpreten Michelsons haben sich unsterblich blamiert. Es war leichtfertig und verantwortungslos, wissenschaftsgeschichtlich beispiellos und ungeheuer überheblich, daß man aus der Fehldeutung eines einzigen (zudem unverstandenen!) Versuchs die gesamte klassische Physik glaubte aus den Angeln heben zu können.

WARUM JOHN D. BARROW

das Pferd beim Schwanz aufzäumt

Hinter den 7 Bergen bei den 7 Zwergen lebte einst ein alter Bauer der sich mit 7 Söhnen sauer mühte auf dem kargen Feld. Am 7. Tage aber verdunkelte sich plötzlich der 7. Himmel unter den Flügeln von 7 kohlpechrabenschwarzen Raben, die ihnen beim Graben geholfen haben. Oder war es der Teufel mit den 7 goldenen Haaren, dem die 7 ihre Seele verschrieben, wenn er ihnen nur hülfe? – Egal, Hauptsache 7.

Denn am 7. Tag der Schöpfung war der Schöpfer so erschöpft, daß er eine schöpferische Pause einlegen mußte und also den ersten Sonntag schuf. Und siehe, die Woche war vollendet. 7 x 7 solcher 7 – tägigen Wochen aber und 3 x 7 Tage dazu – und das Jahr war komplett. Nur im Erntemond konnten die alten Norweger öfter mal 'ne Extrawoche einschalten. (viel Arbeit, *die Zeit drängt,* aber dazu später) Jedenfalls fing jeder Monat mit einem Montag an in Island und Norwegen, wie es sich für ordentliche Arier gehört.

Weil (7 x 7 x 7) + (3 x 7) so eine schöne mächtig - mystische Formel ist, gehorcht ihr sogar unser Erdball und umkreist die liebe Sonne in 52 Wochen. 5 + 2 aber ist wiederum 7, oh Wunder! Also ist die 7 wohl wirklich eine wunderwirkende Zahl, die das Werden der Welt bestimmt (der 7. Schöpfungstag rückte näher und näher, der HERR mußte sich sputen, daß er *zu Rande kam.* Zu welchem Rand? Das kriege mer später...) Und sogar das Wandeln der 7 Wandelsterne bewirkt sie, die All–mächtige 7. *Das* ist das Wesen der pythagoräischen Geheimlehre, über die ARISTOTELES spottet : *„Die Pythagoräer lassen die Dinge durch Nachahmung der Zahlen existieren."*

Weil 360 : 4 genau gleich 90 ist, bildet jeder Zedernstamm genau diesen rechten Winkel mit dem Erdreich, aus dem er *gemäß* dieser *mathematischen Gleichung,* dieser **mathematischen** *Wachstumsanleitung gehorchend,* senkrecht emporsprießt.

Weil nun aber 360 : 30 = **12** ist und 12 + 4 = **16** und 16 + 4 = **20** , erhalten wir wieder magische Zahlen, deren **Quadrate** sicher noch mächtiger sind: 144 + 256 = 400 ! Ihrer zwei ergänzen sich zum Dritten. 12 , 16 und 20 stehen also in machtvoller Beziehung, bilden eine geheimnisvolle *Drei - heit. 3 + 1* aber ist 4 und 4 + 1 ist 5. So wir nun aber auf die neue Dreieinigkeit, Dreifaltigkeit (3,4,5) dieselbe Regel anwenden, wird sich wieder Wunderbares entfalten:

3 x 3 = **9**, 4 x 4 = **16** ; 9 + 16 aber ergibt **25**, das **Quadrat** über der 5! Die **Quadrate** der beiden kleineren Zahlen ergänzen sich wieder zum **Quadrat** der Großen. Auch (3,4,5) ist also ein gleichermaßen mächtig verknüpftes Zahlentripel und es muß eine geheimnisvolle, noch tiefere Gemeinsamkeit geben. Denn seht, an der Oberfläche werden unsere

Geheimnisse nicht offenbar: 3 + 4 ist *nicht* gleich 5 , 12 + 16 ist *nicht* gleich 20 ! - Merket auf ! So ich einen 4m langen Balken aufstelle und ihn mit 5m langen Stangen seitlich abstütze, die jeweils 3m seitlich fußen, steht der Balken senkrecht wie die Zedern des Libanon!
Verknote ich aber drei Schnüre von 12, 16 und 20m Länge und spanne sie am Boden straff zum Dreieck mit Pflöcken an den Knoten, dann habe ich eine Richtschnur für ebenso rechtwinklige Mauern entlang der kürzeren Schnüre, welche einen Winkel von genau 90 Grad aufspannen.

Noch nach 7ooo Generationen wird man unsere exakt rechtwinkligen Grundrisse ehrfürchtig bestaunen. Zu 7ooo Zisterzien wollen wir deshalb unsere Großen Dreiecksschnüre verkaufen für Tempelbauten in allen Provinzen. Die Kurzen Zauberbauschnüre aber sollen 777 Zisterzien kosten und 99 Pinunzen. Kein Preisschild aber enthalte die Zahlen 3,4,5; 12,16 und 20. Unser Geheimcode, den um keinen Preis der Welt irgendein Unwürdiger erfahren darf, sei hinfort (123/164/205).

Nun, irgendwer hat dann irgendwann wohl doch nicht so ganz dichtgehalten, der exclusive Geheimbund flog alsbald auf und das Große Geheimnis der pythagoräischen Zahlen kursierte auf allen Gassen. Hinz und Kunz dürfen Bauschnüre verhökern in den Baumärkten aller Länder an jedermann für lächerliche 7,99. Das Große Geschäft war im Eimer, der USP verspielt... (Unique Sale Pursuit – einzigartiger Verkaufsvorteil)

Heute steht der Satz des Pythagoras weltweit in allen Mathe-Schulbüchern. Jeder versteht ihn, jeder benutzt ihn, denn er ist wirklich ungeheuer praktisch. Der Rest ist Schweigen. Doch möglicherweise könnte sogar bei den Seltsamkeitsfarbquantenzahlenspielereien der modernen Pythagoräer zufällig auch mal eine ähnliche sinnvolle oder sogar praktikable Beziehung herausspringen. John D. Barrow jedenfalls erkannte sogar das dahinter verborgene Geschäftsgeheimnis: Umgib sie mit geheimnisvollem Zauber und du wirst der gläubig staunenden Menge deine Irrtümer teurer verkaufen können, als irgendwer irgendeine einfache Einsicht. Der Erfolg gab ihm recht. Mit

„Die asymmetrische **Schöpfung**: Ursprung und Ausdehnung des Universums" Piper, München, 1986
„The Anthropic Cosmological Prinziple" Oxford, '86
„Life, the Universe, and the Anthropic Prinziple" '87
„The Mathematical Universe" '89
„The **Mysterious** Lore of Large Numbers" 1990
„Theorien für alles. Auf der Suche nach der Weltformel.
Die philosophischen Ansätze der modernen Physik" '93
„ Ein **Himmel** voller Zahlen. Auf den Spuren mathematischer Wahrheit" '94
„Die linke Hand der **Schöpfung**. Der Ursprung des Universums" '95
„ Warum die Welt mathematisch ist" Deutscher Taschenbuch Verlag GmbH & Co. KG, München '96

und wohl noch vielen weiteren Publikationen dieser obskuren Machart ist er wohl ganz gut im Geschäft, im hochmodischen Okkultismus – Business. Der Boom dieser Branche zeigt sich auch daran, daß seriöse Nachrichtenmagazine, ja inzwischen sogar schon Tageszeitungen derartiges in ihren *Wissenschafts(!)*rubriken abdrucken. *Philosophia ancilla* (Magd) *theologiae* – an der Schwelle des 3. Jahrtausends !

Was Mister Barrow in Brighton britischen Asrophysikstudenten erzählt, geht mich nichts an. Wenn er seine theologischen Traktate aber in meiner Muttersprache als Wissenschaft und Philosophie (Wahrheitsliebe!) verkauft, muß er mit Widerspruch rechnen. Zur Sache also.

Das Leitmotiv, das sich mehr oder weniger vordergründig durch Professor Barrows Schriften zieht, ist der Grundgedanke, die Mathematik bestimme die Realität. *W e i l* der Satz des Pythagoras so hervorragend auf die Wirklichkeit passe, sei die Welt *nach ihm* gebaut. *W e i l* er als Baumuster zweckmäßig scheint, muß er also tatsächlich *vor*gelegen haben in seiner eigenen, unabhängigen mathematischen Welt auf besondere Weise wirklich *vor*handen gewesen sein. Vorhanden als mathematische Entität (Wesensheit), die nur noch aus ihrer aparten Sphäre, in der sie immanent schlummert, auf die Erde herniedergezogen werden muß, wenn ein dazu fähiger Geist sie braucht und erfassen kann. Da der Schöpfer nun zu solcher Abstraktionsleistung, zu solcher algorithmischen Kompression fähige Hirne in unsere Schädel pflanzte, schuf ER „das übrige" analog, nach demselben Schema, nach derselben „Blaupause": ***Deshalb*** ist die Welt algorithmisch komprimierbar, mathematisch formulierbar. Die Kongruenz zwischen Blaupause und Abzug erklärt die *dadurch* selbstverständliche Zuordnungsmöglichkeit eines ideellen mathematischen Musters auf viele *nach diesem Muster* erschaffene, *von dieser Schablone* geprägte reale Gegebenheiten und Sachzusammenhänge.

Barrows *„Rätsel der Anwendbarkeit",* sein Problem der *„unwahrscheinlichen Nützlichkeit"* löst sich nun freilich auf in Wohlgefallen. Mehr noch: Da Inkonsistenzen und Grenzen der (göttlichen) Naturgesetze immerhin noch denkbar sind, Brüche der mathematischen Logik sich aber per definitionem verbieten, erhebt das den idealistischen Mathematiker über den Schöpfer. Daß er sich selbst als Realist bezeichnet und sich dann doch in jeder Erklärungsnot hinter Gott versteckt, den er doch gerade hochmütig in die eigene Tasche gesteckt hatte, macht ihn suspekt. Daß er seine Theorie in moderner Computerterminologie vorträgt, soll nur die Spur vertuschen. Da er den verehrungswürdigen Plato kompromittiert, verdient er Zurechtweisung.

Für Barrow erschuf der HERR nach dem mathematischen Bauplan des vollkommen symmetrischen Sechsecks diverse Bienenwaben, indem er im Instinkt dieser Insekten den dazu erforderlichen Handlungsalgorithmus verankerte.

Für **PLATO** steht die *natürlich gewachsene,* wunderbar regelmäßige Wabe am Anfang. Generationen von Honigbienen kommen und gehen, doch ihre Brut- und Vorratskammern entstehen immer neu in alter Form, in unveränderlicher, idealer Vollkommenheit, einem ewigen Gesetz gehorchend, das er sich nicht zu ergründen anmaßt. *(natura naturans:=* **sich selbst erschaffende Natur)** Alles wird, alles vergeht in stetem Wandel, aber ewig und unveränderlich bleibt allein das Gesetz, nach dem es wird und vergeht. Allein dies Gesetz ist von dauernder Wirksamkeit und also höherer Wirk-

40

lichkeit, als das vergängliche Insekt, sein ganzer Schwarm. Dieses Gesetz trägt das Bild der vollkommen regelmäßigen Wabe unversehrt durch die Zeit, *i s t* das Vorbild, das Idealbild, die Idee „Wabe".

In Platos Idee-alismus hat der Mathematiker mit seinen Konstrukten, der Biologe mit seiner Instinkterforschung überhaupt noch keinen Platz. Mathematik beschränkt er auf (niedere, gewöhnliche) Empirie – sie hat Erfahrenes zu ordnen. Auch über den Demiurgen, den Schöpfer der Weltseele, läßt er sich nicht näher aus. Der Tod des Sokrates nach dessen heldenhafter Niederlage gegen das niederträchtige, korrupte Sophistengeschmeiß seinerzeit war ihm wohl sehr nahegegangen. Null Bock auf Schierlingsbecher. - Platos „Idee" geht über Sokrates „Begriff" hinaus, welcher sich im Wesentlichen auf innere Werte beschränkt, auf die menschliche Ethik, die der vergeblich vor dem allgemeinen Niedergang bewahren wollte. Sie ist umfassender, erkenntnistheoretisch tragfähiger.

Die Idee „Pferd" ist mehr wert, als jener Klepper, ja als jedes stolze Roß, auf das unser Auge zufällig fällt. Auch eine hinkende, spacke Stute kann ein tadelloses Fohlen austragen, welches dann die Idee „Pferd" unversehrt weiterträgt, auch wenn die konkrete Stute beim Roßschlächter endet.

Die platonische Idee ist die Kraft, die das „Anders – Werden" ($\pi\alpha\nu\tau\alpha$ $\rho\epsilon\iota$, *"alles fließt"*) des Heraklit mit dem „So – Sein" des Parmenides versöhnt, die die Dauer im Wandel erkennt, die Beständigkeit im Fluß. Diese Kraft, dieses ewige höhere Prinzip läßt aus Pferden Pferde werden und aus Menschen immer wieder Menschen. Es bewahrt im Werden und Vergehen der Exemplare doch das wesentliche So-Sein ihrer Art. Die Idee „Saurier" existiert in der Ideenwelt weiter, auch wenn momentan keine Verkörperungen dieser Idee unseren Globus beleben. - Aber es gibt ja noch unendlich viele andere belebte Globen laut Giordano Bruno. Die Saurier auf ihnen sind nur unseren Teleskopen und Raketen unerreichbar, nicht aber Platons Ideen. Neben Platons Ideenwelt wirkt die Schöpfungsgeschichte, das Kneten des ersten Erdenwurms aus Lehm, nun ja, ein wenig plump. Doch darüber will auch ich mich nicht näher auslassen... *(Platos Andenken trübte sich, als ich später [bei Carl Sagan] las, daß dieser große Idealist die Schriften des ihm überlegenen Materialisten DEMOKRIT verbrennen ließ . . .)*

Trotz und gegen und schließlich ohne diesen Mythos sind die Gesetze des **So – Bleibens** im **Anders – Werden** dank Darwin und anderer Aufklärer inzwischen leidlich begriffen, das Wesen vieler Dinge und ihr Zusammenwirken schon recht gut erkannt worden. Michelson und viele seiner Zeitgenossen meinten zu Beginn des 20. Jahrhunderts, daß es *„nun wohl nur noch darum ginge, die Naturkonstanten bis auf die x-te Stelle hinter'm Komma zu ermitteln"*. - Je mehr nun der vermeintliche Aufklärungsbedarf, die Chance auf spektakuläre Neuentdeckungen schwand, desto mehr Naturwissenschaftler sophistischen Charakters wandten sich also vom unergiebigen Aufhellen ab dem einträglicheren Verwirren, dem mystisch – okkulten Verdunkeln zu. Im Dunkeln ist gut munkeln. Im Trüben läßt sich

41

besser fischen. Nur so ist die Flut pseudowissenschaftlicher Traktate unserer Tage zu begreifen. Daß Professor Barrow das Wesen der Mathematik wirklich noch nicht verstanden hat, ist eher unwahrscheinlich...

<u>**W e i l**</u> rationale Mathematik beim kosmo – theologischen Spin-tisieren stört, im mystischen Dunkel aber als Alibi gebraucht werden soll, muß sie selbst natürlich auch mystifiziert, zum sophistisch–spitzfindigen „Beweisen" ansonsten unüberprüfbarer Theorien abgerichtet werden. - Wenn Barrow „π in the Sky" hängt, ist *für ihn* „der Himmel voller Zahlen" und seine Wut auf die französische Mathematikergruppe BOURBAKI wird verständlich, weil dieses *„Konsortium" „das zerfetzte Banner des Formalismus hochhält"* und die Mathematik *„für menschliche Schöpfung hält und nicht für göttliche Offenbarung".* (!!!)

Wer π in den Himmel hebt, entzieht sich der Verantwortung für irgendwelche mathematischen Resultate. Wer diesen unverbindlichen (laut **David Hilbert** in bewußter Distanzierung zu den Pythagoräern sogar *bedeutungslosen)* Resultaten Priorität zubilligt, Abbilder über die Realität setzt, Kopien höher als Originale schätzt, gelangt folgerichtig zu so abstrusen Aussagen wie dieser: *„Weil es in der Funktionentheorie Singularitäten gibt, müssen diese auch in der Realität vorkommen."* oder *„Ein Teilchen ist Lösung einer Schrödingergleichung oder existiert nicht."*

Das ist Anmaßung par exellence und die ist die Wurzel allen Übels.

(Näheres <u>*d a z u*</u> in *„Vom Regen in die Traufe".)*

„Eine Wissenschaft wird erst in dem Maße zu einer solchen, in dem es gelingt, sie zu mathematisieren." Hab ich mal irgendwo gehört. Fand ich gut. In *d i e s e m* Sinne ist die Mathematik die „Königin aller Wissenschaften". Dennoch bleibt diese mächtige Königin deren Dienerin, Hilfswissenschaft aller exakten Wissenschaften. Forscher und Techniker, ja jedermann bedient sich ihrer <u>als Werkzeug</u>. <u>*D a r a n*</u> ändert auch nichts, daß nur Mathematiker ihre Wissenschaft mit mathematischen Methoden analysieren können, daß nur die Mathematik ihre eigene Meta – mathematik einschließt. Das ist fachspezifisch, nicht mystisch. Erst durch ihre Mystifizierung wurde sie beliebig mißbrauchbar und also auch weidlich mißbraucht.

„ Cui bono ?" frage ich nochmal, *„ Wem nützt es ?"*

DIE DILATATION DER DREI

„Wie Prof. Barrow das Pferd von hinten aufzäumt" sollte dies Kapitel eigentlich heißen und aufzeigen, woran man seine Thesen als Zwecklügen erkennen kann. Doch darf ich mich nicht verzetteln, auch nicht immer nur auf einem rumhacken, wo sich doch viele weit Prominentere dazu förmlich anbieten. Deren Fehlschlüsse will ich aus ihren Publikationen zu ihrer Widerlegung heranziehen, wo es sich nicht umgehen läßt – ansonsten kann ich ihren Standpunkt als etablierte Lehrmeinung attackieren. Überdies ist nicht mehr zweifelsfrei zurückzuverfolgen, was ich in den letzten 10 Jahren bei wem gelesen habe – ich wollte mir anfangs eigentlich auch nur einen Grobüberblick über den aktuellen Erkenntnisstand verschaffen, da mein Studium 30 Jahre zurückliegt. Ein komplettes Quellenverzeichnis wäre ohnehin Illusion, da die Autoren sich in verwirrender Weise kreuzweis aufeinander beziehen, eigene Meinungen von Fremdinterpretationen kaum unterscheidbar sind. Zitate in meinem Text apostrophiere ich in ***„kursivem Fettdruck"***. „Die Dilatation der Drei" ist als Persiflage, als Rehabilitationsversuch erkenntnistheoretisch unverzichtbarer Abstrakta gedacht, die bedenkenlos auf dem Altar der Eitelkeiten geopfert und zu Markte getragen wurden. Ernsthaftes Nachvollziehen der kunstvoll gedrechselten, formalmathematisch sicher unanfechtbaren Epicyclen wäre reine Zeitverschwendung, würde nur immer tiefer in ein auswegsloses Labyrinth führen.

Erinnern wir uns. Am 43. Breitengrad in Meeresspiegelhöhe, dort, wo wir alle noch bei Zimmertemperatur zur Schule gingen, betrug die Summe von Eins und Zwei genau Drei. Dieses heute doch recht einfältig anmutende Ergebnis war der sogenannten klassischen Gauß´schen Arithmetik geschuldet. Ja, genau! *Mit Leibnizkeks und Weierstrauß dankt Adam Ries Carl Friedrich Gauß.* Mußten wir alle lernen damals. In manchen Museen findet man heute noch so Geldzettel, die man gegen alles mögliche eintauschen konnte. Im Göttinger Heimatmuseum ist so eine *„Banknote"* mit seinem Bildnis aufbewahrt. Ja, klickt es gleich mal an: www. Goettingen.de. Ja, das ist er, der *„Fürst der Mathematik",* der vorrelativistischen, versteht sich. Komische Mützen hatten die damals . . .

Doch zurück zur Sache, wir haben jetzt nicht Geschichte. Am 43. Breitengrad beträgt die arithmetische Summe von Eins und Zwei natürlich auch heute noch ziemlich genau Drei. Drei ± 10 hoch minus 43. Genau, Zehn hoch -43s, das Ende der inflationären Phase beim Urknall, klar. Lernt ja jedes Kind heute schon in der 3. Klasse, daß 1+2 mindestens 2,99792458 betragen muß, niemals aber die himmlische Schwelle Pi = 3,1415926535 überschreiten darf. *Ei, ei, ei, Pi inne skei!* Ja, ja, ist ja schon gut! Aufhören, Kinder!

3 , 1 4   1   5   9   2   6   5   3   5
Ist ' s doch, o jerum, schwierig   zu wissen, wofür sie steht.
Mit diesem Sprüchlein merkten wir uns schon in der Unterstufe die BAR-
ROWZAHL – die Anzahl der Buchstaben steht für die jeweilige Ziffer. Ist=3,
s=1, doch=4, o=1, jerum=5 . . . u. s. w.

Die ganze Transzendenz und ungeheure Tragweite dieser ersten rein relativistischen Zahl, die ursprünglich noch *Ludolfsche Zahl* hieß nach einem holländischen Mathematiker und damals einfach nur das Verhältnis von Umfang und Durchmesser aller Kreise angab, wollen wir uns in der heutigen Stunde klarmachen. Über c als *Unter*grenze der Heiligen Drei, die dank ihrer göttlichen Dualität gleichzeitig auch Obergrenze der VACU-UMLICHTGESCHWINDIGKEIT ist (2,99782458 * 10^{32} Picometer pro Terasekunde) hatten wir uns ja gestern unterhalten. Genau, 10^{-32} Sekunden nach dem Urknall wurden die Gesetze der Quantenchromodynamik in Kraft gesetzt. Welch wunderbare Symmetrie! Erinnert mich immer wieder an die geniale Dirac – Gleichung 10 hoch 39 mal 10 hoch 39 gleich 10 hoch 78. Die Coulombsche Abstoßung ist 10 hoch 39 mal so stark wie die gravitative Anziehung – und daraus läßt sich so herrlich einfach die Anzahl aller Materieteilchen im Kosmos berechnen: 10 hoch 78. Genial!

Doch zurück zu Pi ! Es ist gar nicht so schwierig, zu wissen, wofür sie steht. Wir wissen schon, daß Unser Heiliges All schon kurz nach dem Knall wieder in sich zusammengefallen wäre, wenn der Allentfalter die Explosionsgeschwindigkeit anfangs auch nur um ein 100000 Millionstel Millionstel unter ihrem tatsächlichem Wert gewählt hätte. War also nix mit Würfeln, auch ER hatte exakte mathematische Vorschriften in seinem Schöpfungsplan. Wer den aufgestellt hat? Da fragt ihr am besten euren Religionslehrer. Weiter im Text. Ebenso genau mußte die Feineinstellung der Materiedichte vorgenommen werden, damit sich ... Von wem und womit? Kinder, ihr nervt! Spart euch solche Fragen auf, Kollege Gotthelf hat 5 Wochenstunden, ich nur 3. Kritische Materiedichte, ja, hier waren wir stehengeblieben. Die mußte also ebenso exakt eingestellt werden, damit sich alles zu unser aller Wohl entwickeln konnte. Jaaa ! ! ! Anthropisches Prinzip, gewiß doch! Nächste Stunde habt ihr sowieso Anthropische Teleologie bei Herrn Gotthelf! Nervt ihr den etwa auch mit unserem Gaußschen Algorithmus?

Wir müssen uns jetzt jedenfalls die genaue Feineinstellung von Pi analog vorstellen. Wäre 1+2=Pi beispielsweise bei glatt 3 stehengeblieben wie in vorrelativistischen Zeiten, hätte ein Kreis von 7cm Durchmesser Pi*d=3*7 also nur 21 cm Umfang – das wäre überhaupt gar kein Kreis !!! Höchstens sone Art Zitronenquerschnitt: der 7-er Durchmesser drückt die Spitzen raus, während der Umfang schrumpft. *(Skizze)* Oder eine Ausdehnung von Pi auf 23/7 wäre zulässig – unser heilig-symmetrischer Kreis wäre zum Apfelquerschnitt entartet! So ungefähr: *(Skizze)* Der Durchmesser hält Blüte und Stielansatz in 7 cm Abstand fest, während sich der Umfang auf 23 cm aufbläht. Es gäbe also keine exakten Kreise mehr oder keine Ebene – jedenfalls keinen Kreis in der Ebene. Entsetzliche Vorstellung! - Die wichtigste Nutzanwendung der relativistischen Addition aber ist die: Je nach dem örtlich variablen Resultat der Gleichung 1+2=Pi* kann der zunächst noch ortsunkundige Berechner seinen Standort gemäß der Rekursionsformel *(bla, bla, bla)* * *(ti, ta, ta)* bestimmen: Ergibt sich ein Wert kurz über 2,99 , befindet er sich in Äquatornähe. Bei Resultaten zwischen 3,14 und Pi befindet er sich jenseits des Polarkreises. Kein Sextant oder Theodolit mehr nötig – jeder Taschenrechner liefert auf die achte Stelle hinterm Komma genau in Sekundenschnelle die geographische Breite!

Warum die Längengradbestimmungsfunktion in Polnähe aber nicht eingeschaltet werden darf, ist wohl klar: Meridiane überschneiden sich an den Polen und die mathematische Singularität des dortigen Gradnetzes würde den Rechner explodieren oder aber die Polkappen abschmelzen lassen. Die Wahrscheinlichkeit dafür steht bei Eins zu Pi*c. Wofür? Für den gleichzeitigen Eintritt beider Ereignisse gemäß Penrose – Kalkül. *(Formel)* Über deren erhabene Schönheit aber sprechen wir morgen. Pause.
Und hier denn nun also auch noch zwei soeben ausgegrabene uralte Parabeln. Natürlich hinken auch die, wie jeder Vergleich.

Die Machtergreifung der Maler
Motto: *Der Raum ist nichts, die Tapete alles.*
Es begab sich also, daß ein breites Sortiment aller Muster und Farben fabriziert und alle Räume damit ausgekleidet wurden. In einigen Ecken und Winkeln jedoch *„kam es nicht so hin"*, passierten *„Überlappungen"*, klafften *„Lücken"*, ja manchmal sogar *„keilförmige Spalte"*. Entsetzlich! Jahrhundertelang bastelten findige Tapezierer an Bahnenbreite und Musteranpassung – umsonst. Immer wieder trafen sie auf im streng mathematischen Sinne *„untapezierbare Räume"*, die nicht völlig spalt- bzw. überlappungsfrei ausgekleidet werden konnten. Konische, gewölbte, infinitesimal schmale Bahnen – alles vergeblich. Erst der geniale Raumgestalter Ernst Allzeit fand heraus, daß sie alle miteinander auf dem Holzweg gewesen waren, daß das Kontinuitätsproblem mit diesem Ansatz prinzipiell unlösbar war und nach unkonventioneller Herangehensweise schrie. Im Jahre 1905 aber wurde es endlich erhört. - Seitdem erkennt jeder Maurer die Priorität der Maler an, weiß, daß er mit dem Mauern auf die a priori aufzuspannenden Tapeten, auf den vollständigen Abschluß der Malerarbeiten warten muß, nicht einfach so *„drauflosgödeln"* darf. Der Name GÖDEL wurde aus allen Malerfibeln verbannt. Das ganze kulminiert in dem auch dem Nichtmathematiker evidenten, ja inzwischen jedem Schulbub geläufigen Axiom, daß die Wandbreite ein ganzzahliges Vielfaches der Tapetenbahnbreite zu sein hat. (WB = n * TBB , wobei die Absolute Tapetenbahnbreite 43cm +/- 1,905 * 10 hoch –43 cm beträgt). Räume anderer Wandbreiten sind imaginär, es gibt sie nicht wirklich. Gemäß Spezieller Tapeten-Theorie (STT) ist die sogenannte Tapeten*"rolle"* auch nur Einbildung, vorallzeitliche Imagination.

„*Die Unterscheidung von aufgerollt und aufgespannt ist nur eine Täuschung, wenngleich eine hartnäckige.*" Der Grenzfall einer unendlich dicken Tapeten*"rolle"*, deren äußere Lagen quasi eben wären, den Krümmungstensor Null besäßen, führt zwingend zum Gradheitstheorem der Tapetik: *Jede Tapete breitet sich absolut gradlinig aus.* (Satz von der Unmöglichkeit der Tapetenrolle) In Wahrheit entrollt, entwickelt sich die Wand, entsteht schlagartig im Verlauf von exakt 10 hoch –43 s (absolute Tapezierzeitkonstante, vergleiche auch 43 als Basiskonstante der allgemeinen Quantentheorie im nächsten Kapitel), im Moment der Urtapetenentfaltung gewissermaßen als Wand – Tapeten – Kontinuum. Der Tapezierprozeß also ist es, der die isoliert nichtexistenten Komponenten „T" und „W" als Tapetenwandkontinuum generiert, welches hinwiederum .... Den Rest kann ich Ihnen ersparen, es ist ohnehin etwas verblaßt in den Jahren, kaum noch lesbar, vielleicht gar unzumutbar. Ich war halt noch ein grüner Junge damals...

(Als Persiflage auf das dubiose "Raumzeitkontinuum"
aber auch heute noch brauchbar. Nachtrag 11. 02. 2004
- Jedenfalls habe ich den Philosophiezirkel des Pädagogischen Instituts Güstrow in guter Erinnerung. Da hat uns ein Dozent zu kritischem, unvoreingenommenen Denken ermuntert - und das in tiefsten DDR - Zeiten, als es sowas angeblich noch gar nicht gab! Seinen Namen hab ich leider vergessen...)

EXTREMUM OBSTINAT !

Diese Warnung der Latiner vor maßlosen Übertreibungen war mir stets Leitspruch auf dem *"argen Weg der Erkenntnis"*, hat mich z. B. davor bewahrt, mich von der formalen Ästhetik der Maxwellschen Gleichungen allzusehr überwältigen zu lassen. Sie offenbaren die Symmetrie zwischen Elektrizität und Magnetismus; die wechselseitige Überlagerung ihrer Felder deutete auf elektromagnetische Wechselfelder, Wanderwellen hin, die Heinrich Hertz später tatsächlich nachwies und die dann eine unabsehbare praktische Bedeutung erlangten.

Ein gewaltiger Triumph der Mathematik als Vorreiter, zweifellos. In der Natur existente Symmetrien lassen sich natürlich auch durch symmetrische mathematische Strukturen darstellen. Erhebend für den menschlichen Geist, wenn er solche Zusammenhänge richtig voraussagt. Die Wesensverwandtschaft beider Erscheinungen hatte wohl schon manch bedeutender Zeitgenosse erahnt – in Maxwells Geist aber paarte sich geniale Eingebung mit grandioser mathematischer Ausdrucksfähigkeit und zeugten diese aussichtsreiche Einsicht, diesen tiefverwurzelten und deshalb hochreichenden Baumstamm der Erkenntnis, der noch viele herrliche Früchte tragen sollte. - Entzücken also auch bei mir. Aber keine Verzückung.

Ich las auch das Kleingedruckte: *"Ich bilde mir nicht ein, daß sie auch nur den Schatten einer wahren physikalischen Theorie enthalten; ihr Hauptverdienst als ein provisorisches Werkzeug zu weiteren Untersuchungen ist vielmehr, von jeder vorgefaßten Meinung frei zu sein."* sagt er noch über seine prächtigen Fluidumanalogien, die eine genaue Berechnung der Kräfte zwischen (strömenden) Ladungen gestatten. Seine berühmten Gleichungen wurden am Modell eines diamantharten, hochelastischen, alles durchdringenden Mediums entwickelt, molekulare Wirbel griffen wie mechanische Zahnräder ineinander, die bei idealer Formschlüssigkeit jede Drehung unverzüglich, keinesfalls mit irgendeiner endlichen Geschwindigkeit, übertragen mußten. Die Feldgleichungen sagen, daß die Transversalwellen sich mit einer Geschwindigkeit ausbreiten, die dem Verhältnis zweier unterschiedlich definierter Ladungseinheiten entspricht – über die elektrische Kraft zwischen ruhenden(!) Ladungen und über die magnetische Kraft zwischen bewegten Ladungen. Daß dieses experimentell bereits bestimmte Verhältnis der Lichtgeschwindigkeit entsprach, sah Maxwell nicht als Zufall, sondern schloß daraus auf die elektromagnetische Natur des Lichts. Daß das Verhältnis dieser über Kräftemessungen definierten!) Ladungseinheiten absolut unabhängig und unbedingt gleichbleibend sei und ergo die Geschwindigkeit des Lichts, schloß Maxwell *n i c h t . D e r* hält sein Äthermodell mit Oersted´s molekularen Wirbeln für ein probates Hilfsmittel, <u>nicht für Wirklichkeit</u> .

Seine Interpreten gehen weiter: *"Die Maxwellschen Gleichungen sagen aus, daß sich elektromagnetische Wellen, also auch Lichtwellen, im leeren Raum mit einer konstanten Geschwindigkeit ausbreiten: Die Lichtgeschwindigkeit ist also eine universelle Naturkonstante."* behauptet Paul Davies noch 130 Jahre später, obwohl Maxwells Wellen sich noch nicht mal mit konstanter, geschweige universeller Geschwindigkeit ausbreiten. Zudem hatte sein diamantharter Äther so gar nichts vakuumartiges an sich. Doch das ficht fanatische Symmetrie – Propheten nicht an – die haben den Berg längst zu sich herabgezogen, als sie ihn nicht besteigen konnten. **Paul Dirac** z.B. schüttete 1928 ganz einfach das Vakuum mit negativenergetischen Elektronen zu, weil das sein(!) *Dirac – Spinor* so von ihm verlangte. Ob die unter-abgeschlafften Elektrönchen allerdings die geforderte Diamanthärte haben, wird uns allen ewig ein Geheimnis bleiben.

Aber selbst der grundlose Dirac – See erscheint als harmlose Pfütze, wenn man ihn mit den 26-dimensionalen unüberbrückbaren Klüften vergleicht, die heutige Stringtheoretiker einfach mit absolut sinnlosen und also unwiderlegbaren Formelmonstern zuschütten. *"Schon daß sie (die Stringtheorie) mit so vielen Zweigen der Mathematik verknüpft ist, zeigt, daß sie eine tiefe Wahrheit enthält."* Prof. Michael Green

Eine unergründlich tiefe, will mir scheinen.

Einsteins Jünger haben wenigstens noch den *Versuch* gemacht, Bezüge der Relativitätstheorie zur Realität zu konstruieren. Doch diese "Beweise" sind fragwürdig geworden, nachdem neben dem Michelson – Stützpfeiler nun auch noch die Maxwell – Legitimation der RT zusammengebrochen ist. Bevor ich mich nun diesen Scheinbeweisen im einzelnen zuwende, wird es höchste Zeit, spezielle und allgemeine RT endlich einmal nüchterndistanziert zu analysieren. Meine mathematische Mittelmäßigkeit bewahrte mich vor der Ansteckung mit der grenzenlosen, unheilbaren fomalästhetischen Symmetriesehnsucht, vor der Versuchung, mich in die offensichtlich auswegslosen SO(32) E8*E8 – Labyrinthsümpfe zu wagen, mit sinnlosem Nachrechnen kostbare Zeit zum Vordenken zu vertrödeln.

"Dem Forscher ist Zweifel 1.Gebot. Ehrfurcht ist ihm ein Kunstfehler." meinte Wilhelm Ostwald. Mit diesem Motto durchforschte ich die "einschlägige" Literatur und mußte feststellen, daß all die publizierenden theoretischen Physiker sich in einem Punkt gleichen – in der rückhaltslosen, ehrfürchtigen Bewunderung der RT. Ebenso einhellig und unkritisch und fanatisch verehrten und verteidigten die mittelalterlichen Scholastiker ihren angebeteten Aristoteles.

Extremum obstinat ! Sic !!

ABSCHIED VOM ÄTHER

Wir wissen bereits, warum das Michelson – Experiment wirklich nur die Ätherwindthese widerlegen konnte. Michelsons Zeitgenossen aber registrierten, daß <u>so</u> oder <u>so</u> dieselbe Lichtgeschwindigkeit <u>festgestellt</u> wurde. Maxwells elektromagnetische Welle sollte sich mit Lichtgeschwindigkeit ausbreiten und sie tat es. Relativ wozu? Natürlich gegenüber ihrem Wellenmedium, was das auch immer sei. Diamanthart? Einverstanden! Wie ein weicher Windhauch alles durchdringend ohne es zu berühren? Auch gut. Hauptsache irgendein Medium eben. Eine Welle ohne Medium – welch gräßlicher Gedanke! Fast so furchtbar wie das endlos auswegslose, trostlos hoffnungslose Nichts, die wüste Leere, das schauderhafte Vakuum.

Und so versuchten die scharfsinnigsten Köpfe jener Zeit mit phantastischem Einfallsreichtum und mathematischer Raffinesse Michelsons unstrittiges Ergebnis mit Maxwells ebenso überzeugendem elektro-magnetischen Lichtwellenäthermodell unter einen Hut zu kriegen – natürlich umsonst. Unvereinbare Grundannahmen können nur unsinnige Ergebnisse liefern, im Hilbertschen Sinne **bedeutungslose Resultate**. Doch leider, leider maß man ihnen Bedeutung zu. Der unvergleichlich schöne Term *"Wurzel aus $(1-v^2/c^2)$"* zum Beispiel, die Fitzgerald/Lorentzsche Längenkontraktion, wurde als sone Art Stauchung bewegter Objekte beim Durchdringen des wie auch immer gearteten Äthers gedeutet. Er durchdringt denn auch folgerichtig das ganze relativistische Formelgewirr wie ein unausrottbares Pilzmyzel...

Wer A sagt, muß auch B sagen. Wer die Erde als Zentrum der Welt sieht, findet natürlich auch die ptolemäischen Epicyclen unvergleichlich schön. Unbeirrbar. Anderthalb Jahrtausende hindurch. Ein unvergleichlich ereignisreiches Jahrhundert hindurch klammern sich nun die flinksten Rechner unserer Epoche an ihren Formelgerüsten fest, um nicht in´s bodenlos Unendliche abzustürzen. *"Wasser hat keine Balken"* gaben besorgte Großmütter ihren Enkeln zu bedenken, wenn diese ihr Fernweh zur See zog. Das unendliche All aber ist an einen endlichen Balken festgenagelt, den Albert Einstein zusammengezimmert hat: Die Absolute Constanz der Lichtgeschwindigkeit.

In seinem Aufsatz *"Zur Elektrodynamik bewegter Körper"* kritisiert er, daß derselbe Induktionsstrom auf zweierlei Art aus den Maxwellgleichungen ableitbar ist und verweist folgerichtig auf das Relativitäts-prinzip: Das sollte fortan nicht nur in der Mechanik gelten. Das erschien schon Faraday so trivial, dass er es nicht ausdrücklich betonte, sondern als selbstverständlich voraussetzte: nur die <u>zeitliche Veränderung</u> der von seiner Drahtspule umfaßten Magnetkraftlinienzahl schien ihm wesentlich, das, was wir heute Magnetflußdichte nennen... Aus den *"mißlungenen Versuchen, eine Bewegung der Erde relativ zum Lichtmedium zu konstatieren"* zimmerte er den zweiten Stützbalken seiner speziellen Relativitätstheorie: **Das Licht solle sich unabhängig von der Bewegung seiner Quelle ausbreiten. Punkt.** -

Dieses Postulat ist nun keine Selbstverständlichkeit, sondern eine Ungeheuerlichkeit: Er spricht den kurz zuvor von ihm selbst kreierten Lichttröpfchen, Lichtquanten, Photonen (für die er Jahre später mit voller Berechtigung den Nobelpreis erhielt) kurzerhand ihre Teilchennatur wieder ab, indem er ihnen die allen bewegten Partikeln gesetzmäßig zustehende Superposition (Überlagerung) verweigert. Statt dessen stützt er sich in diesem zweiten Postulat noch voll auf den Lichtäther, um diesen sodann ebenso inkonsequent zu verwerfen. Die Maxwellgleichungen stammen nun mal aus einem elektrischen Fluidum, sind samt ihrem bedeutungsschweren konstanten Quotienten c der Ätherthese geschuldet. Wer das eine will, muß das andere mögen. Wer die Milch braucht, darf die Kuh nicht schlachten. Wer auf Maxwells Basis bauen will, darf sie nicht untergraben. In den Brunnen, aus dem du getrunken hast, sollst du keinen Stein werfen. (TALMUD)

__Veranschaulichung:__ Wirft man von einem Flugzeug einen Stein ins Wasser, so geht vom Auftreffpunkt eine kreisförmige Oberflächenwelle aus, die sich __danach__ tatsächlich unabhängig von ihrer "Quelle" Flugzeug weiter ausbreitet, __nun__ nur noch von Oberflächenströmungen, Wassertiefe, etwaigen Ölteppichen (anderer Viskosität) oder ähnlichen Änderungen ihres Mediums abhängt.

Das ist makroskopische Wellenbetrachtung. Einsteins nobelpreisgekrönte Lichterbse aber ist ein Teilchen, ein Quant, ein Mikroobjekt (MO). Für die gelten die Gesetze der klassischen Mechanik nicht. MO gehorchen der Heisenbergschen Matritzenmechanik bzw. der Schrödingerschen Wellenmechanik, lassen sich mit dem Hamiltonoperator operieren, mit Feynmans Pfeilchen festnageln, aber nicht erklären. MO *haben* laut Bohr entweder Ort *oder* Impuls, weil man beide nie gleichzeitig *messen* kann. Ein MO lokalisieren heißt, ihm einen exakten Aufenthaltsort im Raum zuzuweisen, während der Impuls als de Broglie - Materiewelle über den gesamten Raum verschmiert ist. Energie und Zeit bilden ein ebenso komplementäres Größenpaar - __kurzzeitig__ darf man demnach jedem MO __beliebig__ __hohe__ Energien zuschreiben.

Zeit und Raum haben also in der Quantenwelt ohnehin schon ihre herkömmliche Bedeutung verloren, der aus ihnen abgeleitete Geschwindigkeitsbegriff ist dort eigentlich gegenstandslos. Licht braucht kein Medium, breitet sich im Nichts offensichtlich bestens aus. Selbst wenn es aber einen Maxwellschen Lichtäther gäbe, wäre er als raumerfüllendes Etwas völlig irrelevant für das Mikroobjekt Photon, welches in seiner Eigenschaft als Materiewelle über den gesamten Raum verschmiert ist, sich gleichzeitig hier und dort befindet. *So* wird der Begriff Gleichzeitigkeit zum Schmarren.

Man arretiert einen Sack Flöhe (MO) in einen Löwenkäfig (Makroformelgerüst). Da die Insekten sich bald auch außerhalb breitmachen, doch „nicht sein kann, was nicht sein darf", behauptet man nun messerscharf, das Gitter sei so flexibel, daß es zu jedem Zeitpunkt alle Flöhe umfasse. Es paßt sich eben in seiner Raum - Zeit - Struktur der Flohpopulation an. - - - Denkpause.

Nachdem Einstein also auf den Lichtäther seinen 2. Stützpfeiler gesetzt hat, erklärt er denselben für nichtexistent, sägt also den Ast ab, auf den er sich grade gesetzt hat, entzieht seinem 2. Grundsatz den Grund. Seit hundert Jahren hängt der nun also völlig haltlos in der Luft und ich muß folgerichtig alle _darauf beruhenden_ grandiosen Gedankengebäude als Luftschlösser bezeichnen.

Sicher werden all diese *"praktisch bedeutungslosen"* (immer noch David Hilbert), unvergleichlich schönen Lorentz – Transformationen noch lange in Universitätslehrbriefen herumgeistern wie weiland die unübertrefflichen Epicyclenformeln in Ptolemäischen Pergamenten. Sicher werden all die genialen Luftschloßarchitekten noch gar manchen wohldotierten Bauauftrag erhaschen – des Kaisers neue Hofschneider litten weiland ja auch nicht grade an Auftragsmangel. Sicher werden sie nach diesem Trickmuster noch manch artig Gewand verfertigen, noch manch gelahrig Traktat applizieren. Sie werden weiter parlieren und habilitieren und referieren und publizieren und profitieren, denn nie waren sie so einflußreich wie heute.
Die Dimensionen sind entgleist. Es kichert der Abszissengeist...

PS 17. 07. 1997, ~ 3 Uhr früh, space-night vom Bayrischen Fernsehen: Professor Günther Nimtz von der Uni Köln gelingt der experimentelle Nachweis einer Signalübertragung mit 2,3 – facher Lichtgeschwindigkeit.

PS zwo, etwas später: mit 4,7 c, dem mehr als doppelten Wert, wird dieses Resultat in Berkeley, USA, überboten. *(Wäre ja auch noch schöner!)*

PS drei, ungefähr ein Jahr später: Die Interpreten postulieren postwendend irgendeine spezielle Phasengeschwindigkeit und schon sind sie aus dem Schneider, die Hofschneider. Die "richtige" Lichtgeschwindigkeit bleibt natürlich unübertroffen...

WER A SAGT, MUSS AUCH B SAGEN

Ob er wohl noch an der Uni Köln ist? Man hört ja gar nichts mehr von dem ... Ob sie ihn "rausgemobbt" haben? Oder exkommuniziert? Diese Schtrahlenpriester! *Günther, melde Dich !*
Tja, selbst experimentelle Gegenbeweise gelten nichts. Hohepriester sind erhaben und unantastbar. Die Polemik eines Dorfschullehrers geht ihnen am Arsch vorbei, da mach ich mir nichts vor. Doch ich mach trotzdem weiter, tu so, als ob das je gedruckt wird und tatsächlich einer liest.
Hallo, lieber Leser ! Grüß Dich !
Wir beide machen jetzt einfach weiter, gelle?! Entlarven die falschen Propheten und ihre Speichellecker. Wo waren wir stehengeblieben? Raum? Zeit? Raumzeit? All das und noch viel mehr ging nun natürlich auch "den Bach runter". Oder besser den Steilhang. Wenn eine Lawine erst mal los ist, eine Kettenreaktion erst mal in Gang, ist kein Halten mehr. Wer einmal lügt, muß immer dicker auftragen. Wer klein beigibt, dem glaubt man nicht. Wer einen Irrtum zugibt, den schickt man wieder an´s Patentamt zurück, 3. Klasse, one way ticket. Und so einem popligen Beamten 3. Klasse nützt auch die lauterste pazifistische Gesinnung nix. Wenn so einer entschiedener Weltkriegsgegner ist und für die allgemeine Völkerverständigung und die spezielle europäische Vereinigung eintritt, kräht da kein Hahn nach. Was blieb Dir also über, Albert? Genau! Du mußtest weitermachen. Wer **A** sagt, muß auch **B** sagen. Wer als **A**ntimilitarist wirksam werden will, muß erst mal **B**erühmtheit erlangen. Hörst Du mich, Albert? Dir nehm ich überhaupt nix übel, Du konntest nicht anders. Ich hoffe, Du verzeihst mir auch den reißerischen Titel. Der heutige Buchmarkt – Du hast ja keine Ahnung! Wer da nicht auftrumpft, verstaubt in den Regalen. Eigentlich müßte mein Buch ja **ANTI – DAVIES** heißen – aber wer kennt denn den schon? Ich sehe, wir verstehen uns.

Hallo, lieber Leser! Da bin ich wieder. Tschuldigung, ich mußte mich nur noch mal kurz mit Albert verständigen. Er hat mir, ja mir, wirklich und wahrhaftig *mir,* ganz verschmitzt zugezwinkert, sich seine Geige gegriffen und *"nu mach ma hin. Höchste Zeit, daß mir mal einer die Meinung geigt. War ja schon peinlich, die ganze Lobhudelei..."* halb über die Schulter gemurmelt. Und dann drehte er sich plötzlich noch mal um und wurde ganz ernst: *"D i r hab ich die Zunge nicht rausgestreckt. Du mußt mit der Zeit beginnen. Für mein Uhrenparadoxon schäme ich mich am meisten. Ach, wenn ich den ganzen Quatsch doch zurücknehmen könnte! Aber die Lawine war wirklich nicht mehr aufzuhalten ... "*

Den Rest hab ich leider nicht mehr verstanden, denn plötzlich hat einer ganz brutal das Licht angeknipst. **Das Licht.** Wär auch 'ne schöne Überschrift... Vielleicht später... Die Zeit geht vor...

ZUR ZEIT

Zur Zeit liegt zur Zeit eine solche Fülle von "einschlägigen" Publikationen vor, daß es unmöglich scheint, sich im einzelnen damit auseinanderzusetzen. In seinem Traktat *"Die Unsterblichkeit der Zeit ... und Gott"* traktiert uns der als Physiker(!) getarnte weltbekannte Theologe Paul Davies auf 349 Seiten mit Zitaten aus 129 Quellen. Schon im Vorwort zählt er 25 Personen auf, die *"viele nützliche Gedanken und Einsichten beigesteuert haben"* und die ihm *"im Laufe der Jahre beim Formulieren meiner* (also seiner, damit wir uns nicht mißverstehen) *Gedanken geholfen haben."* *"Besonders profitiert"* habe er von Gesprächen mit Stephen Hawking, Murray Gell-Mann, Roger Penrose, John Barrow, John Wheeler, ... und anderen Berühmtheiten.

Besonders beeindruckt, ja unverwechselbar geprägt, haben ihn ganz offensichtlich nur die Ansichten seiner geistlichen Kirchenväter Aurelius Augustinus und Angelus Silesius, auf die er sich immer und immer wieder bezieht. Auch die Ur-Atom-Idee von Pater Georges Lemaitre ist nicht spurlos an ihm vorbeigegangen. Von seinen Physikstudien scheint allerdings nicht allzuviel hackengeblieben zu sein – so verwechselt er zum Beispiel dauernd die physikalische Größe Zeit mit ihrem Meßgerät Uhr. Eine solche Lichtuhr, deren Frequenz für den Uhrtakt steht (und also für die Zeit selbst stehen soll) quält sich nun gegen die Gravitation bergauf bis sie rot wird vor Anstrengung, rotverschoben, Einsteinsche gravitative Rotverschiebung, und also geht sie oben schneller(?!) *"Und andere Uhren, Meister, andere Uhren auch?"* - *"Ei, freilich, ich werde es dir beweisen: Weil man beim Hochheben einer tickenden Uhr immer auch ihr »Tick – Tack–Gewicht« (das dieser Bewegungsenergie entsprechende Massenäquivalent; Übersetzung des Verfassers) anhebt, ist die Hubenergie oben etwas größer, sie vergeht also oben etwas schneller, die Zeit."* Der *"Skeptiker"* schweigt ergriffen. Nicht einmal von seiner Pendeluhr, die doch gemäß (. . .) droben am Berge langsamer gehen müßte und auf dem g-waltigen Jupiter schneller, darf er erzählen. Muß halt ein Depp sein, neben dem der Meister glänzt...

Sowie Prof. Davies versucht, eigene Gedanken zu entwickeln, verheddert er sich hoffnungslos. Ich hab mir mal den Schpassss gemacht, mit meinem alten Ph / Ma – Lehrer – Rotstift mein "Unendlichkeits....." - Exemplar zu korrigieren. Das bringt Freude! - - - Fairerweise bleibt zu ergänzen, daß die wissenschafts<u>historischen</u> Exkurse lesenswert sind, inhaltlich und stilistisch. Ein schönes Geschichtsbuch. Nur leider nicht so bunt bebildert, wie Stephen Hawkings *"Die illustrierte kurze Geschichte der Zeit"* oder *"Stephen Hawkings Universum"* von David Filkin. Der schrieb zum Beispiel auf S. 50 diesen wunderhübschen Satz: *"Die Masse eines Objekts ist eine Eigenschaft, die von seiner Größe <u>und von</u> seinem Gewicht abhängt."*(!) Wie unvergleichlich bezaubernd hätte der erst in seinem relativistischen Gewande gewirkt!

Zurück zur Zeit! Aus *"leichten Kräuselungen der Hintergrundstrahlung"* hofft man durch COBE im Jahre 2005 zu erfahren, wie sich der Urknall allmählich anbahnte, der, und da ist man sich völlig einig, nicht irgendwann in irgendeiner Zeit geschah, sondern Zeit überhaupt erst schuf. *"Gott hat nicht die Welt in die Zeit gestellt, sondern beide gemeinsam erschaffen."* Aha. *"Deshalb ist es sinnlos, nach Zeit und Raum vor dem Urknall zu fragen, da die Einheit beider als Raum – Zeit – Kontinuum erst mit ihm entstand."* So so. *"E I N S T E I N hat die entscheidende Frage: "Wie entstand die Zeit?" in seiner Befangenheit noch gar nicht stellen können. Er war noch zu sehr in die Irrtümer des 19. Jahrhunderts verstrickt"*, meint Paul Davies - - -

"Gleichförmig und ohne eine Beziehung auf irgendeinen äußeren Gegenstand fließt die absolute, wahre und mathematische Zeit" – eine Vorstellung Newtons, *"die die moderne Physik als Irrtum entlarvt hat."* (Paul Davies)   Mit Hilfe moderner Mathematik gelang Igor Novikow 1996 (wieso dürfen die besiegten Russen jetzt überhaupt noch mitspielen beim Nobelpreispoker?) der Nachweis, daß es grundsätzlich unmöglich ist, per Zeitreise die Vergangenheit zu ändern, den Kanon von Ursache und Wirkung durcheinanderzubringen. Er bestätigte quasi Immanuel Kant, der 1770 schon schrieb, daß die Zeit nichts Objektives und Reales wäre, im Kopf entstünde. – Vielleicht hat er bei der Gelegenheit auch gleich meinen Lieblingsidealisten Plato rehabilitiert, der *"Zeit als bewegliches Bild der Unvergänglichkeit"* ansah, *"die wir Menschen jedoch unverbesserlicherweise vergegenständlichen wollen"*.

Nein, das denn nun wohl doch nicht! Um Gottes willen nicht mit dem Idealisten Plato in einen Topf geworfen werden! Wenn d e r die Versuche zur Vergegenständlichung der Zeit verwirft, müssen wir sie also aufgreifen und hochhalten, um uns von d e m deutlich abzusetzen.

So stammt denn wohl aus der Abscheu gestandener Materialisten(?) der Jahrhundertwende vor der idee-alistischen platonischen Irrlehre ihr Bestreben, sich deutlich zu distanzieren, die Anbindung der (abstrakten) Zeit an das (konkrete) Ding, die Fesselung der relativistischen Raumzeit an den realen Ablauf als Gegensatz zu betonen. Plato hat´s verspottet? Nu grade!

Und so verschmolzen sie bewußt Prozeßablauf und Raumzeit, degradierten die Zeit zum Prozeßparameter. Jeder Prozeß braucht seine Zeit. Pfui! Jeder Prozeß ist seine Zeit, ist eins mit ihr. - Mit dem Prozeßablauf schwinden dann auch all seine Komponenten und Parameter - also auch die Zeit?

Wieder Pfui! Seine Zeit ist abgelaufen, seine eigene Zeit, seine lokale Eigenzeit! Und wenn alle Prozesse abklingen, alle Ereignisse vergehen, sich nirgens mehr irgendetwas abspielt in irgendeiner lokalen Eigenzeit, kein Beobachter da ist, der sie mißt? Genau! D a n n gibt es sie nicht mehr, sie ist also endlich endlich, Gott sei Dank! Denn nur Dir allein gebührt die Ewigkeit, HERR. Du allein stehst über allen Dingen und also auch über der Zeit. Du hast sie gegeben, Du kannst sie nehmen. Du gabst sie im *Urknall*,

Du nimmst sie im *Endkollaps* – es steht alles in Deiner Macht. Das All ist endlich, Deine Allmacht aber endlos. - - -
Jawoll, so wird's gemacht! Den Ketzer Plato erledigen wir also endlich doch noch – zwar nur post mortem, aber immerhin. Und alles unter der materialistischen Tarnkappe! Brauchen uns nicht mal mehr die Finger zu verbrennen wie weiland an dem verstockten Nolaner, dem unbelehrbaren, unbekehrbaren Unendlichkeitsapostel. Den einzigen, der nicht zu Kreuze kroch – wir haben ihn Dir gebraten, o, HERR. Und nach unten hin haben wir auch schon alles dicht gemacht, 26 Dimensionen fest eingerollt – da ist kein Durchkommen. Du kannst Dich auf uns verlassen. Wir sind Deine getreuen Knechte.

Benutzt wurde die Relativitätstheorie also in antiplatonischer Profilierungssucht, hypertrophem Tarnungsbestreben. Begierig aufgegriffen und mathematisch ausgefeilt wurde sie von den Neuen Pythagoräern. Teleologisch – anthropisch aufpoliert aber wurde sie von cleveren Theologen, die in ihrer verworrenen, widersprüchlichen, irrationalen Unfaßlichkeit mit untrüglichem Instinkt ihre theologische Brauchbarkeit witterten und sie zielgerichtet zu einer Religion für Erlauchte ausbauten. Wenn Einsteins *"Gott würfelt nicht!"* noch eine kuriose Randbemerkung war, so stehen theologische Erörterungen heute im Zentrum fast aller kosmologischer Betrachtungen...

FRÜHE FRAGMENTE

Ich wußte es doch! Ich konnte es doch nicht weggeschmissen haben! Hier ist er endlich, der erste zaghafte Formulierungsversuch aus meiner Studentenzeit!
Beobachter:
Ein außenstehender, unabhängiger, objektiver Beobachter sieht die Naturerkenntnis seit der Antike bis 1905 immer ziemlich kontinuierlich fortschreiten, die formalgesetzliche Widerspiegelung immer klarer und einleuchtender werden. Danach deucht ihn die Verwirrung über die Naturforscher gekommen zu seyn, welche sich von der Praxis abgewandt haben. Die theoretische Physik verkommt immer mehr zu spekulativer Formelakrobatik. Mitbewegte, an diesem Prozeß beteiligte Beobachter allerdings deuten ihre Verwirrung als Erleuchtung. Die Parallele zum pythagoräischen Geheimbund der Antike ist erschreckend. . . . .
(da hatte ich wohl grade 'ne 4 in Differentialgleichungen gefangen) ... Stetigkeitsüberlegungen, die Descartes Bewegungsgesetze ad absurdum führten, sind ebenso geeignet, Relativisten zu entwurzeln. *(ach du liebe Güte, was hab ich mir d a b e i wohl gedacht damals... hoffentlich kannst wenigstens du dir einen Reim drauf machen, mein lieber Leser, du stehst ja noch voll im Stoff...)*
.... die halten es für sinnlos, nach Zeit vor, hinter oder neben Geschehen oder Ereignis zu fragen, sehen Zeit als Prozeßparameter, Raum als just dazu nötigen Platzbedarf, die mit dem Vorgang schwellen und schrumpfen. Das anschwellende oder einschrumpfende Ding nimmt aber nur diesen oder jenen Platz ein, füllt unterschiedlich Raum aus. (?*Skizze*??? Oh, oh! *Pennälerniveau...)* Der explodierende oder ausklingende Prozeß verläuft unterschiedlich schnell in der Zeit ... Zeit zu säen, Zeit zu ernten, alles zu seiner Zeit... gut Ding will Weile haben. Weile, Dauer Zeit. Das sind Buchstabenkombinationen auf Papier. Verbrennt man das Papier, tötet alle Menschen, die das Wort ZEIT kennen, einen Begriff davon haben, stirbt schließlich das All den Wärmetod, keine Prozesse, keine Reaktionen, Funkstille auf allen Frequenzen... Chaos wabert ganz verschwommen, niemand, der es wahrgenommen (Beobachter!) Vor-Urknall- oder Nach-Endkollaps-Status. FREQUENZ, INTERFERENZ, ZAHL, ZEIT, ZUSTAND werden gegenstandslos. Keine abgegrenzten Dinge mehr, die zu numerieren wären – was soll da der Numerus? (wenn Zeit, dann auch Zahl in Frage stellen, die Mathematik ebenso relativieren!!! Glosse schreiben zur Verscheißerung!) *(da entstand sie also schon, meine "Dilatation der Drei")*
 . . . Peng! Ein neuer Urknall! Chaos hat sich doch wieder irgendwie (?jenseits von Zeit und Raum?) zusammengeballt und das alte Spiel läuft ab wie gehabt. Bis zum Status quo. Zeitbedarf? Nehm ich mal Einstein beim Wort! 1Mikrosekunde Explosionsverlauf bei ungeheurer Materiedichte und

Raumzeitkrümmung, Zeitraumverstümmelung *(Materie im Raum oder als Raum, so ein Quatsch!)* ist gemäß (x### * ### x/t #### * ### t) exakt 1,905 Milliarden Jahre des anderwärts ruhenden oder heftig mitbewegten furchtbar erregten Beobachters. Egal. Hauptsache Ziffernfolge 1- 9 -0 -5 - die wird wohl bald zur kabbalistischen Geheimzahl aufsteigen, wenn das so weitergeht... die 1,905 Mikrosekunden oder Megajahre braucht der imaginäre Prozeßberichterstatter dann wohl auch zur Berechnung der Expansionsgeschwindigkeit des Alls ...
Geschwindigkeit = Weg / Zeit ; 1. Ableitung des Weges *nach der Zeit* **Welcher Zeit , bittschön ? !** - Egal, das ficht sie nicht an, sie differenzieren munter weiter, auf Deibel komm raus ... rechnen fest mit der Zeit, die sie grade als unzuverlässig verleumdet haben, bauen auf ein als nachgiebig deklariertes Fundament turmhohe Gedankengebäude, differenzieren nach ihr, um sie anschließend zu diffamieren (hier hatte ich, wohl viel später, mit andersfarbigem Kugelschreiber zwischen die Zeilen geklemmt: *"In den Brunnen, aus dem du getrunken hast, sollst du keinen Stein werfen." [TALMUD]* ... frühe philosophische Anwandlungen wohl schon... so ganz aus den Augen verloren hatte ich meinen ANTI – EINSTEIN wohl auch im schlimmsten pädagogischen Stress nie...)
Doch weiter im U R T E X T:
..... stützen sich auf eine Krücke, die per definitionem haltlos nachgibt proportional dem Quadrat (Kubik? Logarithmus? . . .) des Auflagedrucks ... Dito für ZAHL, für INTERFERENZ, für MATHEMATIK überhaupt...
...... sinnvolle, zweckmäßige Begriffe zum Begreifen der wie auch immer gearteten Realität - nur Hirngeburten, Fiktionen, Abstrakta?! ... ...
Wer Zeitbegriff und Raumbegriff unabhängig von konkreten Abläufen leugnet, der *m u ß* erst recht oder schon lange Frequenz und Interferenz, Zahl und Formel, Verstand und Einsicht wenigstens in Frage stellen...
Kein Gedanke ohne Gehirn, kein Begriff ohne Begreifer.
Unser Zeitbegriff ist Produkt unseres Begreifens, unseres Denkvermögens. Unser Zeitempfinden hängt von psycho- und/oder physiologischen (*darunter* elektrochemischen und wer weiß was noch für "niederen" Zusammenhängen gemäß Descartes) Vorgängen unserer Hirnrinde ab. Lebensprozesse werden durch eine lichtsynchronisierte "innere Uhr" gesteuert, beeinflusst. Diese innere Uhr, dieser Lebensrhythmus, dieses subjektive Zeit–erleben, Zeit–empfinden, Zeit–erfahren läuft natürlich in Eintagsfliege und Riesenschildkröte unterschiedlich schnell ab - *aber doch nicht die Zeit überhaupt!!!*
Die Zeit an sich läßt es kalt, daß wir Menschlein, ob wir Menschlein uns einen Begriff von ihr machen und was für einen, ob wir überhaupt existieren. Sie verläuft unberührt davon, ob der mitbewegte (oder ruhende?) Beobachter grade schläft oder sein Meßgerät repariert.
Oder sein Uhrengerüst synchronisiert.
Was hat er sich bloß dabei gedacht?

Macht er doch tatsächlich räumlich entfernte Uhren seines Uhrengitters zeitgleich, um ihnen sodann die Gleichzeitigkeit wieder abzusprechen, abzumogeln mit spitzfindiger Sophistik.
Hat man sich erstmal darauf eingelassen, verbiestert man sich schnell im relativistischen Formeldschungel. Daß sich da tatsächlich oder angeblich welche durchfinden, stachelt immer wieder andere an, es auch zu versuchen. Hat man schließlich alle Winkelzüge nachvollzogen, alle relativistischen Transformationen heil überstanden und glücklich den Ausgang erreicht, ist alles zu spät. Dann versucht man nur noch, sich den Irrweg einzuprägen, damit man den Irrgarten immer sicherer durchlaufen kann. Dann gehört man dazu, ist Mitglied im erlauchten Kreis der Eingeweihten, des elitären Relativistenzirkels. Dann ist der erfolgreich durchlaufene Weg plötzlich die einzig richtige Verbindung und alle Winkelzüge wären Abkürzungen. Dann ist die Irrgartenanlage der einzig mögliche Gartenbau und Obst und Gemüse waren nur *"hartnäckige Einbildungen"* . . . Dann ist das Ziel nichts und der Weg alles. Nun hat man den Zweck der ganzen Hirnakrobatik völlig aus den Augen verloren und vergessen, was man ursprünglich wollte: Die Natur der Natur erkennen. Nun wird sie solange umtransformiert, bis sie ins Labyrinthraster paßt. Nun wird sie solange interpretiert, bis sie sich als Realisierung einer Schöpfungsidee begreifen läßt, als Kristallisation eines Gedankens. Nun ist die Natur die Inkarnation eines Schöpfungsplans, die Materialisierung eines mathematischen Dogmas, die dingliche Entsprechung eines abstrakten Systems, das man *„aus irgendwelchen Gründen vorzieht"*.

Die Uhr ist ein Ding. Die Zeit ist eine Idee. Uhrzeit, Zeitpunkt, Punktereignis, Ereigniskegel, Kegelbahn, Bahnparameter, Meterskala, Skalenabgleich, Gleichzeitigkeit und dergleichen sind gleichfalls nur ideelle Begriffe zum gedanklichen Begreifen wirklicher Vorgänge, von unserem Verstand konstruiert, um konkrete Prozeßabläufe besser verstehen und beherrschen zu können. Die Uhrengerüstsynchronisation nun ist ein Versuch, die abstrakte Zeit zu vergegenständlichen, den modellhaften Uhrzeitablauf mit dem wirklichen Prozeßablauf gleichzusetzen. Das unverzügliche Streben, diesen Gedankenversuch formalmathematisch nachzuvollziehen, hat vergessen lassen, daß der prinzipiell unzulässig ist. Er verwechselt nämlich permanent Abstrakta und Konkreta, verwischt deren Unterschied bis zur Unkenntlichkeit.

Es gibt Bewegungen, Entwicklungen, Prozeßabläufe in der Wirklichkeit. Unsere begriffliche Vorstellung davon hat keinerlei Rückwirkung darauf. Der Prozeß verläuft nicht anders, wenn wir ihn anders beschreiben. Das Licht strahlt nicht heller vor Freude, wenn wir Würstchen
 ihm seinen Äther wieder zusprechen. Eine Lichtäthernarkose bitte für die relativistisch verblendeten Schtrahlenpriester!
Ein Prozeß kann beschleunigt oder gleichförmig oder verzögert ablaufen, sich in unserem Denkraster Zeit mit dem Modellprozeß Uhrzeigerrotation vergleichen, daran messen lassen. So wie Richtschnur oder Lichtstrahl die

ideale mathematische Grade nur veranschaulichen, wird auch die platonische Idee „Zeit" selbst durch die präziseste Cäsiumuhr nur veranschaulicht, nie bestimmt. Es gibt ein jede Entwicklung umfassendes und doch von ihr unabhängiges, von keiner Bewegung bewegtes, von keinem Aufruhr berührbares, stets von der Ursache auf die Wirkung gerichtetes Etwas, das wir nach Belieben benennen und modellieren und skalieren können, ohne es auch nur zu berühren. Es ist die zutiefst axiomatische Grundlage aller Abläufe. Wir nennen sie Zeit. - - - - - Den Urgrund aller Dinge, den Platz, den Rahmen, in dem die sich nach Belieben ausdehnen können, ohne ihn im geringsten zu berühren oder zu verbiegen, *n e n n e n* wir Raum.
E x i s t i e r t hat er schon vor uns und unserem Urknall.

Die Relativitätstheorie ist also der unzulässige und deshalb aussichtslose Versuch, diese universale Zeit zu konkretisieren, auf Eintagsfliegen- oder Schildkröten- oder Lichtstrahlzeit zu reduzieren. Oder dingfest zu machen wie einen realen, konkreten Dieb. Tagediebe aber gibt es nicht. Die Zeit läßt sich nicht einsacken. Man kann *seine* Tage nutzen oder vertrödeln, seine persönliche Lebenszeit, seine Verweildauer auf Erden durch gesunde Lebensweise verlängern oder durch Harakiri leichtsinnig verkürzen. - - - - - Die abstrakte astronomische Definition "Tag" aber läßt sich nur gedanklich erfassen, nicht dinglich ergreifen.
  Man kann im Hühnerstall mit Schaltuhren die Nacht zum Tage machen und dadurch die innere Uhr der Hennen so durcheinanderbringen, daß sie mitten im kalten Winter die Legesaison beginnen. Sogar Menschen kann man der Diktatur von Schichtplänen und Stechuhren unterwerfen, sie aus dem warmen Heia - Bettchen in die kalte Winternacht treiben, obwohl der liebe Herrgott sein Himmelslicht noch gar nicht angezündet und damit seine Geschöpfe zum Aufstehen ermuntert hat . . . .
  Man kann also den Biorhythmus von Lebewesen stören, die Weltgeschichte in Zeitepochen einteilen, seine Zeit klug nutzen oder unnütz verstreichen lassen, der Zeit mit Formelschlingen nachstellen, sein Zeiteisen anhalten oder gar zurückstellen, ohne auch nur das allergeringste am unerbittlichen, unabänderlichen Lauf der Zeit von der Vergangenheit durch die Gegenwart in die Zukunft ändern zu können.
  Kein Zeitpfeil wird sie je erreichen. Er ward ersonnen, ihr zu gleichen...
  Es gibt eine Raumerfüllung und Raumleere bevor und unabhängig davon, ob es schon oder noch nicht oder nicht mehr eine Raumlehre gibt
in den Hirnen von uns Erdenwürmern.
  Es gibt ein Vorher und Gleichzeitig und Nachher, auch wenn wir es nicht denken und bezeichnen und berechnen. Wir sind nicht der Nabel der Welt, wir eingebildeten Lackaffen, wie auch unsere Erde nicht Dreh- und Angelpunkt des Alls ist. Unsere Berechnung beherrscht nicht das All, beschreibt es allenfalls mehr oder minder trefflich. Der uralte, *schon von Aristoteles überwundene* Irrtum der Pythagoräer, Zahlenharmonien

beherrschten den Kosmos, feiert fröhliche Urständ. Die Mathematik als hilfreiches Werkzeug zur kurzen, klaren, unmißverständlichen Beschreibung von natürlichen Zusammenhängen aller Art maßt sich wieder einmal an, ihre logischen Harmonien und Symmetrien auf die Realität projizieren zu dürfen. Reale Symmetrien existieren, wenn es sie denn gibt, unabhängig von unseren ausgeklügelten Hirngespinsten. Abstrakta können Konkreta nur ideell widerspiegeln, nie beeinflussen.

"Am Anfang war das Wort." NEIN ! NIEMALS !!! Schmatzt euch das ab, ihr verfluchten Prälaten!!!!!!!!!!!!! (Tschuldigung, das steht hier so. Ich schreib nur ab.)
Das Ding wird durch das Wort *bezeichnet,* **nicht** *erschaffen.*
Schreibt euch das hinter die Ohren !!! (Im Original noch viel fetter)
    Der konkrete Werkmeister kann mit seinem konkreten Werkzeug konkrete Dinge umgestalten und sich dabei von abstrakten Ideen leiten lassen, planmäßig schaffen, kreativ schöpfen. Die schöpferische Idee selbst verändert nichts. Sie wird erst *"zur materiellen Gewalt, wenn sie die Massen ergreift"* (Karl Marx), deren ebenfalls abstrakte Vorstellungen und Einstellungen *ideell* beeinflußt, Vorhaben und Pläne gebiert, die die jeweiligen Hirninhaber dann mit ihren *konkreten* Zungen verbreiten, mit ihren *konkreten* Händen realisieren, materialisieren, dingfest machen können. Wenn sie wollen. Wenn die Idee von ihnen Besitz ergriffen hat, ihr Denken und Fühlen und Wollen beherrscht.
    Das alte Lied von Sein und Bewußtsein, von Ideal und Wirklichkeit – sie haben es vergessen, unsere maßlosen Maßnehmer, die das Maß und die Meßvorschrift und die Bemessungsgleichung über das gemessene Ding stellen, es beim Messen massakrieren...
    Sie sollten... ... nein, hier geht´s weiter ... so ... ne, auch nicht.
    Schluß. Aus. Aus den restlichen Kladdezetteln krieg ich nichts mehr zusammen. Lauter mehrfache Durchstreichungen, Überschreibungen, fast unleserliche Einschübe... Die saubere Abschrift dieses Kapitels meines ersten Anti – Einstein – Entwurfs muß zusammen mit dem Manuskript meines "vorgezogenen" Hauptwerks **"Das Defizit – eine Kritik der politischen Ökonomie des Sozialismus"** in dem großen Postmietbehälter gewesen sein, der dann bei der ominösen "Kellerräumungsaktion" im Ledigenwohnheim Lankow während der Ferien "verschwand". Unvergessen. Aber das ist eine andere Geschichte.
(Für Interessenten: Sie steht in dem grandiosen Historienepos der 2. Hälfte des 20. Jahrhunderts *"Vom Regen in die Traufe".* Geheimtip !!!)
    Aber ich will dich nicht länger aufhalten, lieber Leser. Wir müssen da durch. Du weißt, wer "A" sagt, muß auch "B" sagen. Hier nur noch schnell eine kleine gesellschaftskritische **Z E I T** betrachtung, Juli 2004:

Der Charakter unserer Epoche

Man hört, daß viele Menschenpärchen emsig bemüht waren, ihren Nachwuchs exakt am 9.9.1999, 1.1.2000 oder am 20.02.2002 auf die Welt zu bringen. Die Bemühungen der Menschheit, diese Welt bis zur Jahrtausendwende einigermaßen in Ordnung zu bringen, den künftigen Lebensraum ihrer Kinder lebenswert zu gestalten, hielten sich indessen in Grenzen.

Grenzenlos war das Bestreben der Weltverderber, die Erdenbürger aller Länder multimedial zu manipulieren, in schier unlösbare Konflikte zu verstricken, noch tiefer in die schier unergründlichen Sümpfe ihrer niedrigsten Begierden zu drücken, durch sinnlose Beschäftigungen und alberne Belustigungen noch weiter von erstrebenswerten Zielen abzulenken, noch gründlicher um ein erfülltes Dasein zu betrügen.

Der Ersatz ist schäbig. Sie vergifteten unsere solidarische Menschlichkeit, indem sie unsere eifersüchtige, unsoziale Habsucht mästeten. Da die bekanntlich unerschöpflich ist, geht es uns wie dem Fischer mit siner Fru. Die sitzt nu auf ihrem schier unüberschaubaren Wohlstandsmüllberg, wähnt sich im Traumschloß und merkt nicht, daß sie die Welt durch ihre maßlose Gier zum Pißpott gemacht hat. Wie wir sie da wieder rauskriegen und zur Besinnung bringen können, kann ich auch noch nicht sagen. Ich weiß nur, daß das Geschwafel unserer prominenten Besitzstandswahrer und Wohlstandsprediger Schuld an unser aller Unheil ist.

Menschsein ist nicht auf Habenwollen reduzierbar.

Menschwerdung braucht mehr als technische Perfektionierung.

Damit wir uns unserer Menschenwürde nicht bewußt werden, machen uns die Mächtigen zu habseligen, nein, armseligen Tagedieben, zwingen uns, unsere kostbare, unwiederbringliche Lebenszeit mit sinnlosen, ja widersinnigen Beschäftigungen totzuschlagen wie zum Beispiel dem gegenseitigen Betrügen im sogenannten „Geschäftsleben" oder bei der Beschaffung zumeist überflüssiger Habseligkeiten im sogenannten „Erwerbsleben". Zum Zeitvertreib läßt man uns sogenannte Seifenopern glotzen, die eigens komponiert wurden, uns an der sinnvollen Nutzung unserer kostbaren Zeit zu hindern, unsere Menschwerdung zu vereiteln, uns in würdeloser Abhängigkeit zu halten. Mittels Stechuhrdiktatur dressieren uns die Wirtschaftsmanager zu willenlosen Arbeitssklaven, richten uns die Kriegshetzer zu gewissenlosen Mordrobotern ab, sogenannten „Soldaten", die alle Gegner dieser unmenschlichen Wirtschaftskriegsordnung zu erledigen haben. „Zivilisation" und „Demokratisierung" und „Entfaltung der freiheitlichen Marktordnung" nennt man das.

Zur Belohnung darf jeder erfolgreich Zivilisierte dann stolz ein Zeiteisen am Handgelenk tragen, welches die Zeit, die er grade maßlos und nutzlos vertrödelt, auf die milliardstel Sekunde genau mißt...

Wie man hört, geht die neueste Chronometergeneration in zehntausend Jahren maximal eine zehntausendstel Sekunde vor oder nach, was die Satellitennavigation unserer Automobile, mit denen wir immer zielloser auf der Flucht vor uns selbst herumrasen, entscheidend verbessern wird...

Vor vielleicht viertausend Jahren ließen sich die überaus datumsgläubigen Mayas von ihren Sternenpriestern, welche die Jahreslänge bereits mit nur einem zehntausendstel Prozent Abweichung auf das astronomische Jahr berechnet hatten, in eine mathematisch perfekte Kalenderdiktatur verstricken, in mystische Zahlenhörigkeit treiben...Auch die Babylonier gingen unter, obwohl sie den Mondumlauf nur um 0,4 Sekunden ungenauer als unsere modernen Astronomen berechnen konnten...

Höchste Zeit also, den rein technologisch geprägten Fortschrittsglauben aufzugeben, sich auf humanistische Gesellschaftsordnung, auf erstrebenswerte Ziele, auf bewahrenswerte Werte zu besinnen, statt sich besinnungslos treiben zu lassen, egal, wohin... Weniger ist manchmal mehr, Umkehr kann Fortschritt bedeuten. Der Schritt vom Wir zum Ich war ein Rückschritt... Gehen wir in uns, kommen wir zu uns! „Sein statt Haben" werde unsere Devise, bevor der Mensch an seiner unheilvollen Habgier erstickt . . .

Aktueller Nachtrag, Herbst 2004:
Soeben blättere ich im SPIEGEL 39/'04 und stoße auf das Greene-Interview *"...über die Zersplitterung des Raums, das Wesen der Zeit und die Geburt des Universums aus einem unvorstellbar winzigen Korn"*
«SPIEGEL: Aber Ihre Hoffnung besteht darin, dereinst eine Theorie zu finden, aus der die Zeit quasi von selbst hervorgeht?

Greene: ... In der Relativitätstheorie sind Raum und Zeit extrem nahe Verwandte, sie sind gradezu miteinander verschmolzen zur vierdimensionalen Raumzeit und trotzdem erscheinen sie uns so gänzlich verschieden... Der Traum eines Physikers wäre es, mit seiner Theorie in einem Bereich zu beginnen, wahrscheinlich noch vor dem Urknall, wo es noch keinen Unterschied gab zwischen Raum und Zeit. Und dann, durch irgendeine Form der Evolution – wobei natürlich noch unklar ist, was Evolution ohne Zeit überhaupt sein soll - , *müßte man in den Gleichungen ablesen können (!!!), wie Raum und Zeit von selbst entstanden.*»

Sie wollen also immer noch alles aus ihren Gleichungen ablesen, Realitäten aus Formeln saugen.   Sie haben immer noch nicht begriffen, daß Formeln Realitäten bestenfalls beschreiben, nie aber bestimmen können. Sie rechnen immer noch, statt zu denken . . .

Albert, Deine Rache an den Rechnern, die Dich damals so arrogant haben abblitzen lassen, ist gar zu grausam. Seit hundert Jahren irren die nun schon hoffnungslos durch Dein auswegloses Formellabyrinth . . .

ABSCHIED VON PARMENIDES

Nun tauchen sie allmählich alle wieder auf, die Erinnerungen. Wie ich vor meiner ersten Neunten stand und sie mitnahm in's All. (nein, nicht zu Anne und Betty, um Himmels willen!) Uns ging es "nur" um die Newtonsche Himmelsmechanik. Zwei Raumschiffsektionen nahmen wir mit, jede so schwer wie ein beladener Eisenbahnwaggon. (Wie man so einen mit 'ner Art Brechstange allein in Gang kriegt, ihn dann mit einer Hand in Gang hält, bis man ihn schließlich mit 'nem Hemmschuh an genau der richtigen Stelle der Laderampe stoppt, hatte ich ihnen anschaulich schildern können, weil ich's selber oft genug praktiziert hatte in den Ferien als Oberschüler beim Geldverdienen. Eine Exkursion war nicht möglich; ich konnte ihnen also nur empfehlen, sich das mal gelegentlich auf einem Güterbahnhof anzuschauen oder gar selbst auszuprobieren – nur so kriegt man das Gefühl für einen 50 – Tonner.)

Diese beiden Waggons nahmen wir also mit nach oben, in's Orbit. Ja, genau, Frau Schmidts Orbitalen in Chemie sind auch sone Art Raumsphären mit Aufenthaltsgenehmigung für Elektronen, die ja auch nur in ganz gewissen Abständen ihren Kern umkreisen dürfen. Nächstes Jahr knöpfen wir uns das dann noch etwas genauer vor in Atomphysik. Doch heute können wir uns da unten nicht länger aufhalten, wir wollen ja noch hoch hinaus . . . Ja, unsere Waggons wollen wir mitnehmen. Wir wissen ja nun, wie wir sie in Gang kriegen. Wenn die Schienen glatt sind und die Wälzläger gut geschmiert, rollen die wirklich wie von selbst weiter nach dem ersten Anschub. Immer eben weg. Genau, ihre Trägheit, ihr Beharrungsvermögen hält sie in Schwung. *Njuten,* genau so wie *Puten* betonen. **S i r** I s a a k, da hat sich die Queen nicht lumpen lassen damals. War schon zu Lebzeiten sone Art britischer Nationalheld, so'n Vorkämpfer gegen den französischen Materialismus. Ja, richtig geadelt hat sie ihn für seine Axiome, mit denen er Descartes besiegte.

- - - Immer eben weg rollen sie also. - - - Nicht so schnell, hört doch mal auf zu schieben da hinten! Halt! H a l t !!! Schnell den Hemmschuh! Quiiiieehsh. Das ging noch mal gut, uff. Ihr wart das gar nicht da hinten, Manuel? Wer denn?! Ich denk, unser Waggon ist träge, trottet nur eben so weiter, legt keinen Zahn zu von selbst. Ist ja keine Lokomotive schließlich, richtig. Wer war das also? Ich will das jetzt wissen! Keiner verläßt den Saal, bevor das rauskommt! - - - Prima, Evi, sehr schön! Die Hangabtriebskraft war es, es ging wohl eben leicht bergab. Und wenn es immer steiler wird, zum Schluß sogar senkrecht runtergeht in die tiefe Schlucht, weil die Brücke gebrochen ist – wie heißt die Hangabtriebskraft dann? Richtig, Gewichtskraft. Dann fällt unser 50 – Tonner, sein Gewicht reißt ihn in die Tiefe, immer schneller zieht es ihn runter, schnurstracks auf den Erdmittelpunkt zu, bis er unten aufkracht. Völlig zerschmettert hat sie ihn, die Erdanziehungskraft, zermatscht wie eine dünne Blechschachtel, unsern schönen, stabilen

Eisenbahnwaggon. Ganz schön kräftig, was?! Wie stark hat sie ihn denn nun an sich gezogen, unseren 50 t Waggon? 50 Mp, gewiß. Daß *du* das weißt, weiß ich, Ernst. Halt dich doch mal bißchen zurück nächstens. Also nochmal für alle: 1kp ist das Gewicht von 1kg, die Kraft, mit der dieses Massestück von der Erde angezogen wird. Ja doch, in Meeresspiegelhöhe, so genau wollen wir's jetzt nicht wissen. 50 t sind 50 000 kg sind 50 000 000 Gramm, 50 Megagramm. Die werden dann natürlich mit 50 Megapond angezogen, logo. 50 Mp, 50 Millionen Pond – welch gewaltige Kraft drückt unseren Waggon auf die Schienen! Hier ist er nochmal, unser Pfennig, den ich mal hab überrollen lassen von so einem Waggon. Ja, Bremser ist ein verdammt gefährlicher Job!

Senkrecht angehoben kriegen wir den natürlich keinen Millimeter, gegen diese starke Erdanziehungskraft haben wir keine Chance. Aber einen Kran. Der muß uns unsere Waggons in die Trägerrakete hieven. Wird Zeit, daß wir abheben. Türen schließen! Aber fest, die Luft darf nicht entweichen, die brauchen wir noch zum Atmen da oben. Da is nix, müssen wir alles mitnehmen. So, nun stellt euern Liegesitz ganz flach und macht euch auf was gefaßt! So ein Radierstart mit 'nem Rennauto ist ein Klacks dagegen! Im Moment drückt euch nur euer Eigengewicht in die Polster, aber dann kommt zur Erdbeschleunigung g noch die Raketenbeschleunigung hinzu! Da "wiegt" ihr plötzlich so viel wie ein Nilpferd, das ist nur im Liegen auszuhalten. Zähne zusammenbeißen! L o s !!!

Uff!! Überstanden! Wir sind im Weltraum! Diese herrliche, unvergleichlich schöne blaue Kugel ist unser Heimatplanet Erde. Unsere Rakete ist nun sowas wie ein kleiner Mond, ein künstlicher Erdtrabant. Wir sausen jetzt einmal täglich in einem riesigen Kreis um die Erde herum, mit abgeschaltetem Triebwerk, der Mond braucht ja auch keinen Motor. Wieso haben wir ausgerechnet eine 24 h – Orbitale angesteuert? Richtig, wir wollten ja bei der Gelegenheit auch gleich noch unsern Nachrichtensatellit aussetzen. Der muß natürlich synchron mit der Erde rotieren, damit die da unten ihre Richtantennen nicht dauernd nachrichten müssen, damit die Nachrichten ohne ständiges Nachrichten richtig ankommen. Tja das ist schon ein dolles Ding mit unserer Sprache, Evi, richtig...

Wieso werden wir übrigens nicht nach außen ins unendliche All fortgeschleudert, wo wir doch so schnell im Kreis herumsausen? Genau, die Gravitationskraft der Erde reicht bis hier oben, hält der Schleuderkraft das Gleichgewicht. Wie? Na, der Mond hängt schließlich auch nicht am Drahtseil wie die Kugel eines Hammerwerfers...

Ganz still ist es. Ist euch das auch schon aufgefallen? Ach, richtig, man hat ja unser Triebwerk abgeschaltet, hab ich ganz vergessen, tschuldigung. Nun schweben wir also, sind schwerelos, sind die Schwere los, die Erdenschwere. Ein sagenhaftes Gefühl! Als wenn im Fahrstuhl plötzlich das Tragseil reißt und man fällt und fällt und fällt und fällt und fällt ins

Bodenlose. Immer so weiter, ohne Aufschlag mit Zermatschen und so. Aber wir sind das ja gewohnt, sind ja alle abgebrühte Testpiloten, ha! Flughöhe 35 800 km, + 6 370 km Erdradius macht 42 170 km Bahnradius * 2Pi = 264 828 km Bahnlänge. In 24 Stunden. Geschwindigkeit? Unsere Geschwindigkeit bitte! - - - Das dauert! Ihr seid mir eine schönen Copiloten! Ja, Ernst! Mit 11 034,5 km/h sausen wir um den Globus. Mit elftausend Sachen! : 3,6 = 3 065 m/s : 333 m/s = 9,2 Mach. Mit mehr als 9-facher Schallgeschwindigkeit rasen wir durch den Kosmos, dreimalsoschnell wie der schnellste Düsenjäger! Immer im Kreis herum . . . Ja, sagt mal, wieso werden wir da eigentlich nicht "aus der Kurve getragen", nach außen weggeschleudert... unbegreiflich... ich versteh das nicht... kannst du uns das nicht mal erklären, Ernst?

Na, das ist so wie beim Mond, den zwingt die Erdanziehungskraft ja auch auf eine Kreisbahn, obwohl den eine noch viel döllere Schleuderkraft nach außen zerrt, weil er ja viel schwerer ist als wir. Da muß die Erd- ne, die Mondanziehungskraft also noch viel stärker sein damit wieder Gleichgewicht herrscht. Ich hab mal gelesen, daß der Mond das Meerwasser, also die Ozeane auf der Erde anzieht und so die Flut macht. Und wenn er sie wieder losläßt, ist Ebbe.

Von wegen Ebbe! Das war die Wucht, Ernst! Du hast uns da eben auf etwas ungeheuer wichtiges gebracht! Das ist es! Mond und Erde ziehen sich <u>gegenseitig</u> an, es beruht alles auf Gegenseitigkeit! Unser Hammerwerfer muß ja auch ganz schön gegenhalten, damit die <u>von ihm</u> herumgeschleuderte Kugel <u>ihn nicht</u> aus dem Ring zieht. Und wer hat das alles schon vor 300 Jahren gesagt, he? Richtig, olle Newton, Sir Isaak der Große. **Actio = reactio.** Kraft = Gegenkraft. Punkt. Das ist ein Satz! Ein Grundsatz. Gilt ausnahmslos. Da könnten wir noch stundenlang Beispiele für finden, ja! Aber bitte, bitte, jetzt nicht! Schreibt sie doch mal zu Hause auf einen Zettel und gebt mir den übermorgen. Eigene, keine abgedroschenen. Die Lehrbuchbeispiele zählen nicht, ich verteile doch keine Schönschriftzensuren.

Also: Erdanziehungskraft und Schleuderkraft halten sich genau das Gleichgewicht. Die Erdmasse zieht uns mit derselben Kraft nach innen, mit der wir von der Fliehkraft nach außen geschleudert werden. Es ist so, als ob überhaupt keine Kraft auf uns einwirkt. - So, jetzt lösen wir alle ganz vorsichtig unsere Haltegurte. Langsam, keine falsche Bewegung . . . Seht ihr, ich hab's euch ja gleich gesagt – ihr schwebt! Über dem Polster, bewegungslos - - - Da, der Bleistift auch, wenn ich ihn jetzt hier in der Luft einfach so loslasse. S o . . . seht ihr, er schwebt, er fällt nicht herunter. Wo ist überhaupt unten? Da, wo alles hinfällt, klaro. Also haben unten und oben hier oben ihren Sinn verloren, so wie wir scheinbar unser Gewicht verloren haben. Wir drücken unser Polster ja keinen mm ein. Wir sind schwerelos, wir verspüren kein Gewicht, wir sind frei! Wir sind der mächtigen Erdanziehungskraft entronnen, die den Waggon so furchtbar in die Schlucht geschmettert hat!

65

So? Sind wir das wirklich? – Richtig, die Gravitation hält uns noch immer an unsichtbaren "Fäden", Faradayschen Kraftlinien, sicher in unserer Umlaufbahn. Sie reicht noch viel weiter nach oben, ne, außen natürlich, ich danke für die Aufmerksamkeit! Hält dort sogar den Milliarden Megatonnen – Mond in ihrem Bann. Sie wird zwar mit der Entfernung galoppierend schwächer, wird aber nie gleich Null. ~ $1/r^2$, genau.

Und die Erde samt Mond wird von der Sonne herumgeschleudert, 365 Tage braucht's für eine Umkreisung. Der Merkur auf der Innenbahn muß natürlich viel schneller kreisen, damit er nicht in die Sonne fällt, braucht nicht mal ¼ Erdjahr für eine Umkreisung. (Da innen, da wo selbst die ungeheure Sonne um den Massenmittelpunkt des gesamten Sonnensystems schlingert, der nicht mit ihrem MMP identisch ist, wird natürlich das ganze Gravitationsfeld ziemlich verwabert, fast unberechenbar, jedenfalls inhomogen – der Merkur jedenfalls eiert ganz schön rum, bei ihm macht es sich deutlich bemerkbar, daß sie bei ihren Berechnungen die Gegenwirkung, die Rückwirkung aller Planeten auf ihr Zentralgestirn nicht genau genug erfassen können, so tun, als ob die Sonne eine mathematische Punktmasse wäre. – Das hab ich natürlich nur in den besten Klassen kurz angedeutet und erwähne es auch hier nur, weil sich immer noch hartnäckig das Gerücht hält, diese Periheldrehungen von Merkur und Venus erforderten eine gänzlich andere Theorie.)

Pluto ist 40 mal so weit von der Sonne weg wie die Erde und doch erreicht ihn auch dort noch ihr Gravitationsfeld und zwingt ihn auf eine riesige Kreisbahn. Dort darf er natürlich nur langsam kreisen, damit die Fliehkraft nicht zu stark wird. Deshalb dauert ein Plutojahr 247 Erdenjahre.

Ihr seht also: dieselbe Kraft, die Newtons Apfel auf den englischen Rasen zog und die Lok auf die Schienen drückt, läßt die Planeten um ihre Sonnen kreisen und die Monde um ihre Planeten. Diese gegenseitige Massenanziehung wirkt immer und überall und uneingeschränkt und unabschirmbar und unabwendbar und unabhängig und unablässig und unendlich weitreichend – soweit wir wissen.

Die Umgebung einer Masse, den Wirkungsbereich der universellen Massenanziehungskraft nennen wir Gravitationsfeld. Mit Hilfe des Newtonschen Gravitationsgesetzes kann man die Bewegungen aller Himmelskörper sogar berechnen, genau voraussagen, wann ein bestimmter Komet wieder mal bei uns vorbeischaut oder wann die nächste Sonnen- oder Mondfinsternis eintritt. - - - Dieses Gesetz *[F = γ *m*M / r²]* und seine drei Axiome, auf denen die gesamte N e w t o n s c h e Mechanik beruht, gilt auf der Erde und also auch im Himmel. Hut ab, Sir Isaak!
(An dieser Stelle schwieg ich ergriffen und gute Klassen mit mir.)
Danke. Nun wieder zurück ins All.
Ich denke, jetzt haben wir uns alle ausreichend an unserem "schwerelosen" Schwebezustand ergötzt. Helm zu und raus mit uns an die frische Luft, äh, in die gähnende Leere. Die Waggons nicht vergessen! - - So, hier schweben sie jetzt bewegungslos in 20 m Abstand. Ihr könnt die Hand drunter wegnehmen,

66

sie fallen nicht runter. Sie können sich nicht entscheiden, wo oben und unten ist, bleiben aus lauter Bequemlichkeit da, wo sie grade sind. Du grinst, Erwin, *d a s* Gefühl kennst du. Sie sind wie du, nämlich....??? Träge, genau. Das sagt deine Mutter auch immer, ich weiß. Komm her Erwin, du kriegst die eine Rückstoßpistole, die ist gut gegen Trägheit. Und du, Elvira, nimmst die andere. Nu komm schon, sei nicht so träge. Manuel, du bist der Stärkste, du schwebst jetzt genau in die Mitte, so. Du sollst die Waggons dann aufhalten und zusammenkoppeln, zur Raumstation montieren. Brauchst keine Angst zu haben, siehst ja, wie schwerelos sie schweben.

Elvira und Erwin, seid ihr soweit? Ja, genau hinter den Massenmittelpunkt eurer Waggons, damit die sich nicht drehen nachher. Und die Ziolkowski – Pistolen nach außen, genau von Manuel weg. Manuel steht in der rückwärtigen Verlängerung eurer Rückstoßstrahlen, es passiert ihm nichts. Nochmal peilen – jawoll ! Feuer frei, volles Rohr, ihr wißt, die Waggons sind verdammt träge, schwer aus der Ruhe zu bringen. So, das reicht. Seht ihr, jetzt schweben sie ganz langsam aufeinander zu, d. h. auf Manuel. - Bist du bereit Manuel? Alles klar zum Ankoppeln? Noch zweieinhalb Meter, streck ihnen schon mal die Arme entgegen, gleich mußt du ihr Aufeinanderzuschweben abbremsen. Ja, jetzt hast du sie, genau in der Mitte. Drücken, Manuel, drücken ! Du schaffst es! Stärker, **s t ä r k e r ! ! !**

Oh, was ist denn mit dir los, Manuel ? Du bist ja ganz platt, wie unser Schienen – Pfennig . . .

Setzt euch wieder, ihr drei. Danke. Mach dir nichts draus, Manuel! Leonid Shabotinski wäre es genauso ergangen. Wer zwischen die Puffer von Eisenbahnwaggons gerät, wird plattgedrückt. Wie auf Erden, also auch im Himmel. Der Trägheitssatz gilt <u>u n i v e r s e l l</u>. Im Chor: *" Ein Körper verharrt in Ruhe oder gradlinig gleichförmiger Bewegung, solange keine Kraft auf ihn einwirkt."* (oder sich die einwirkenden Kräfte gegenseitig aufheben) Zum Beschleunigen <u>und auch zum Abbremsen</u> sind natürlich dieselben Kräfte nötig, Manuel. Das nennt man Symmetrie.

Oder wenn sich die Kräfte aufheben wie bei uns, ja. Nein, natürlich nicht *ganz* gradlinig. Selbst die spiegelglatte Eisfläche eines großen Sees ist *genaugenommen* ein kleines Stückchen *gewölbte* Erd*kugel*oberfläche.

Ja, *"Molnija"* und *"Örlibörd"* stehen wirklich immer über demselben Punkt der Erdoberfläche. Warum ausgerechnet 35 800 km hoch? Das sollte 'ne Überraschung werden, das rechnen wir morgen aus. 1. Stunde haben wir ja zusammen Mathe. -

Mehr war nicht drin in der 9.

Mach blieb außen vor, bis auf die Düsenjäger. Auf den <u>Unterschied</u> von Masse und Gewicht kam es mir an. Jede Masse ist träge <u>und</u> schwer, hat ein Beharrungsvermögen *aus sich* <u>und</u> die Eigenschaft, andere Dinge anzuziehen, von anderen massiven Körpern angezogen zu werden. Diese gegenseitige Massenanziehung ist ein universelles Naturgesetz, der Trägheitssatz ein

anderes. Kilopond und Kilogramm durfte man bei mir nicht ungerügt verwechseln, da konnte ich ganz schön katholisch werden.
1 kp ist das Gewicht eines Kilogrammstücks, die <u>Kraft</u>, mit der die <u>Masse</u> 1 kg von der Erde angezogen wird. Diese Erdanziehungskraft verleiht diesem frei fallenden kg-Stück die Erdbeschleunigung g = 9,81 m/s^2, es wird pro Sekunde also um 9,81 m/s schneller. - Die Kraft **1 Newton** gibt diesem kg-Stück definitionsgemäß pro Sekunde einen Geschwindigkeitszuwachs von genau 1 m/s. Ein Kilopond beschleunigt es 9,81 mal so schnell, ist also 9,81 mal so stark. 1 kp = 9,81 N.

Auf dem Jupiter fallen alle Körper viel heftiger, weil sie von seiner ungeheuren Masse viel stärker angezogen werden. Deine 80 kg Körpermasse, Manuel, verleihen dir dort ein Gewicht von 640 kp. Selbst wenn du den Absturz aus 1m Höhe heil überstehst, bleibst du wie angenagelt liegen. Nicht mal den Kopf könntest du anheben, solche starken Halsmuskeln hat kein Mensch. Auch unser Knochengerüst wäre nicht jupitertauglich - wer kann schon mit einem Ochsen auf dem Kreuz herumspazieren . . . (das mit den Gasplaneten hab ich gelassen) Der Rückflug – ich mag gar nicht dran denken! Also lieber erst gar nicht so dicht rankommen, ihr Gagarinjünger. Dann schon lieber zum Mond, da hat ja schon Jules Verne von geträumt . . . *Dort* könntet ihr euch mit zwei Fingern in den Handstand drücken, Riesensätze machen und euren Kosmonautenkumpel hoch in die Luft, äh, in die Höhe werfen, brauchtet ihn nicht mal aufzufangen. Er würde nämlich ganz sachte zu Boden gleiten, weil die Mondbeschleunigung nur 1/6 g beträgt. Wer hier 60 kp wiegt, wiegt dort nur noch 10 kp. Euer Gewicht hängt von der Stärke des Gravitationsfeldes ab, <u>in dem ihr euch grade befindet</u>. Eure Masse aber bleibt bestehen. Wenn ihr euch nicht grade mit einer Hungerkur abquält wie Kerstin und Jutta...

Angenommen, ihr lauft, nein, springt mit Riesensätzen aufeinander zu in eurem neuen, phantastischen Bewegungsgefühl. Voller Übermut und Begeisterung, immer schneller und schneller, federleicht mit sagenhaftem Kraftgefühl – und würdet doch ebenso schmerzhaft zusammenkrachen wie zwei Eishockeyspieler hier unten auf der Erde, äh, auf dem Eis. Das Gewicht einer Masse kann vergehen. Ihre Trägheit aber bleibt bestehen, einfach so.

So weit, so gut. Für die Praxis reicht Parmenides, da muß man Trägheit nicht weiter hinterfragen, auf noch Grundlegenderes zurückführen wollen. Das Beharrungsstreben ist eine Ureigenschaft aller Dinge und damit basta.

Einen tiefgründigen Denker wie Ernst Mach konnte sowas natürlich nicht befriedigen. Träg sein heißt doch, einer bewegungsändernden Kraft Widerstand entgegenzusetzen. Dieser Trägheitswiderstand muß gemäß Newtonscher Axiomatik eine der wirkenden Kraft gleichwertige, ebenso reale Gegenkraft sein und nicht nur irgendeine eingebildete Scheinkraft.

Das unstrittig anerkannte, allgemein sogar als selbstverständlich angesehene Relativitätsprinzip (das Einstein nur noch explizite ausspricht, ausdrücklich auf alle Vorgänge bezieht) fordert, daß die Bewegungs**änderung** auf etwas Konkretes, physisch tatsächlich Vorhandenes bezogen werden muß. Hirngeburten wie Koordinaten*systeme*, mathematische Raum*begriffe* und raffiniert ausgeklügelte neue *Geometrien* sind eben allzumal nur Abstrakta, von denen man sich nicht wirklich abstoßen kann. Wenn actio = reactio nicht wirklich dinglich, gegenständlich realisiert wird, hängt die ganze Newtonsche Mechanik in der Luft. Schlimmer: im Nichts. Die Versuche, den absoluten Raum mit irgendeinem Äther auszufüllen, ihm damit Substanz zu geben, zeugen von dem damals weitverbreiteten Unbehagen.

Ernst Mach erkannte die Aussichtslosigkeit der Newtonschen Versuche, seinen absoluten Raum zu retten, indem er ihn immer weiter ausdehnte – schließlich wurde der Massenmittelpunkt des Sonnensystems zu diesem so bitter nötigen absoluten Fixpunkt erklärt. (Schon Archimedes ersehnte ihn: *"Man gebe mir einen festen Punkt und ich hebe die Erde aus ihren Angeln."*) Selbst der Massenmittel*punkt* unserer Milchstraße wäre nur ein mathematischer *Punkt* ohne Masse und würde als solcher nicht zum Gegenhalten taugen, selbst wenn er stillstünde.

Mach ließ also den Raum als *d a z u* prinzipiell untauglich fallen und nahm als "Gegengewicht" den gravitativen Gesamtverbund aller Massen des Alls an. In diesem unendlichen Gravitationskraftgeflecht (welches wir heute als resultierendes Gravitationsfeld bezeichnen würden, wenn Einstein uns diesen Weg nicht abgeschnitten hätte) ist also jede "Probe"masse eingesponnen, eingebunden. - Die *"Gesamtheit der fernen Massen"* Mach´s führt also ganz einfach die Trägheit auf die Gravitation zurück. Die **"überwältigende Dominanz der nahen Masse"** nenne ich nun Gewicht. Trägheit ist prinzipiell nichts anderes als Schwere, ist mit ihr wesensgleich. Vermöge dieser *selben* Newtonschen Gravitation hat Masse Trägheit und Schwere. Trägheit und Schwere sind also nicht zwei verschiedene, aber gleichwertige, äquivalente Wesensheiten, zwei Seiten einer Medaille, zwei unterschiedliche äußere Eigenschaften der Masse, sondern ihr eigentliches einheitliches inneres Wesen.

Das habe ich meinen Schülern verschwiegen, bin einfach nicht über Parmenides hinausgegangen, der das Beharrungsvermögen grundsätzlich sah, keiner Zurückführung fähig, keiner Erklärung bedürftig. Ich bitte dafür um Entschuldigung, lieber Leser. Und alle meine Physikschüler auch.

GIORDANO BRUNO

Genau genommen hab ich meinen Schülern vielleicht sogar Stuß erzählt. Nehmen wir nur mal an, einer war dabei, der die beiden Eishockeyspieler auf eigene Faust im All noch ein wenig weiter mitnimmt, dahin, wo selbst die allerfernsten Massen nicht mehr richtig hinlangen, wo wirklich absolut nix mehr ist, theoretisch. Das muß ja wohl erlaubt sein. Die Gedanken sind frei, es bleibet dabei.
   Wat nu?! Nix mehr mit Gravitationsgespinst, Kraftliniengeflecht und so. Wenn die sich nun mit ihren Rückstoßpistolen in Gang setzen wollen – muß das nun leichter gehen, weil sie sich ja nicht mehr aus irgendeinem Gravitationskraftgeflecht befreien müssen? Ach ne, die Symmetrie zwischen den in's Nichts geschleuderten, keinen "Trägheits"widerstand findenden Rückstoßstrahlpartikeln und den eben auch nur gegen das Nichts zu beschleunigenden Pistolenschützen bleibt ja, das kosmische Raketenprinzip funktioniert weiterhin, die Ziolkowski-Bootspartie verläuft im Wasser wie im Vakuum. Konstantbleibender MMP aller beteiligten Massen und so. Ist nun der Trägheitswiderstand kleiner, die Trägheit doch nicht ganz so unabhängig? Wird das Beschleunigen und Bremsen also pitzeleicht? Wird Manuel also doch nicht mehr zerquetscht wie ein unvorsichtiger Rangierer auf dem Güterbahnhof??? - Mit dem Gewicht, das geht klar, dessen Abhängigkeit hatte ich ja ausdrücklich betont. Da bleibt dann nur noch einer dem anderen als "dominierende Masse". Schöne Dominanz im Werte von zehn hoch - 39! Ist Masse also eigentlich wirklich nur noch Stoffmenge mit unbedingter Gravitationspotenz und nur bedingtem Beharrungsvermögen? Sicher ist nur, daß Rechnen hier überhaupt nix nützt. Grade Formeln entwickeln ja einen ausgeprägten "horror vacui" und eine noch viel stärkere Abscheu vor "Singularitäten", beherzigen unser "extremum obstinat" ...
   Man denke nur mal an das Standardmodell! Die unten eingerollten Dimensionen und die Singularitäten am Anfang und am Ende des Schneckenhauses! Elfenbeintürme! Krystall'ne Fixstern–Käseglocken! Auf höherem Level, freilich... die Mathematik hat Fortschritte gemacht, gewiß, aber die theoretische Physik hat sich wohl wieder einmal etwas verbiestert ...
   "Vor Inbetriebnahme des Mundwerks Gehirn einschalten !" - mit dieser Mahnung pflegte ich unbedachte SchülerInnen vor voreiligen Antworten zu bewahren. Bei Benutzung des **Logarithmischen Rechenstabs** bestand ich penetrant auf einem Überschlag, die Ziffernfolge war sekundär. Lösungen von Extremwertaufgaben waren auf Sinnfälligkeit zu prüfen. **Vor** der numerischen Lösung physikalischer Probleme stand stets die Dimensionsprobe – wenn beim Umstellen der Gleichungen Fehler gemacht wurden, lieferte die Lösungsformel eine unpassende Einheit und die Rechnerei erübrigte sich.

Heute sollen angeblich schon 400 Seiten mit verschiedenen formal korrekten Lösungen derselben relativistischen Feldgleichungen vollgeschmie.., äh, geschrieben worden sein. Keiner schöpft Verdacht, verwirft den Ansatz als sinnlos. Als sinnlos verworfen aber wurde der klassische Ansatz, als derselbe Induktionsstrom auf nur z w e i unterschiedlichen Wegen aus den Maxwellgleichungen ableitbar war . . .

Auch vor dem Starten des allerneuesten supersymmetrischen Computermodellierungssimulationsprogramms sollte man sich Zeit nehmen und die einzugebenden Randbedingungen auf ihre Sinnfälligkeit prüfen – ansonsten ist alles weitere hinfällig. Hochglanzmakulatur . . .

"Wir stellen uns die Naturgesetze als eine Art Software vor, die auf einer Hardware läuft, die aus den Elementarteilchen und der Energie unserer materiellen Welt besteht." schreibt Professor John D. Barrow, um mit dieser Vorstellung *"das Bild des Universums als das große* **»Programm«** *anstatt das der großen* **»Struktur«** *weiterverfolgen"* zu können. *(Programmablaufplan = Schöpfungsplan? - Zwischenfrage des Verfassers)*

"... ob es sich bei den sogenannten Naturgesetzen um verzerrte Extrapolationen allgemeiner (computerlogischer) Prozeßregeln handelt?" sinniert er auf den Seiten 89/90 von *"Warum die Welt mathematisch ist"* . . .

Natürlich hinkt der Vergleich mit dem altmodischen Rechenschieber, denn der Computer ist ein ungleich stärkerer Rechenknecht. Das Denken aber werden wir weder ihm, noch den Pferden überlassen dürfen.

Zurück an die (Denk)Arbeit also.

W e n n Trägheit gemäß Mach völlig in Gravitation aufgeht, nichts parmenidisches behält, dürften unsere beiden Waggons da hinten, dort, wo wir unsere beiden Eishockeyspieler zurückgelassen haben, ruhig mit full speed aufeinander zurasen. Beim crash würde es nichtmal die Pufferfedern merklich stauchen - Kräfte der Größenordnung Eöttvös´sche Drehwaage reichen dazu einfach nicht aus. Klammert man die Waggons bei völlig gestauchten Federn mit Gewalt irgendwie anders zusammen und kneift dann die Klammer durch ? Wie leichte Luftgewehrkugeln würden sie voneinander wegfliegen, ihre gegenseitige Massenanziehung wäre vernachlässigbar klein, könnte sie nicht zurückhalten. Mit kleinsten Sprengladungen könnten wir sie beliebig weit auseinanderschießen, endlich einmal ideal geradlinig.

Könnten die beiden Passagiere (unsere Eishockeyspieler) ihre Waggons mit ihren Rückstoßpistolen zur Umkehr zwingen? Da wird wohl die Munition nicht reichen... schade, eine spinnwebzarte Sicherheitsleine hätte gereicht... reicht irgendwann die zwar winzige, aber unendlich weit reichende gegenseitige Massenanziehung zur Umkehr? Wenn ja, warum nicht? Eigentlich müßte doch... ja, vielleicht hat Parmenides doch ein klein bißchen recht behalten. Die Masse . . . So ganz ohne handfeste Trägheit wird selbst das klassische Zweikörperproblem zum Problem. – Kein Grund jedenfalls, hier oben auch noch die Zeit zu stauchen, bloß weil sie mir lang wird allmählich...

Mal sehen, wie's im Schwarzen Loch aussieht. Ich hoffe, da ist mehr los. Die sagen zwar alle, daß da die Zeit stillesteht, aber ich kann mir das einfach nicht richtig vorstellen. Ganz schönes Gedrängel, buntes Gewimmel, Kurzweil und mächtig viel *Äktschen* kann man ja wohl erwarten, wo so viel Volks zusammenkommt und munter wechselwirkt.

Meine mit Mach von Eigenträgheit befreiten massiven Waggons hab ich mit. Sie glauben gar nicht, wie die hier zusammengequetscht wurden im Nu. Mikroskopisch! Ratz, butz, schon waren sie untergetaucht im Gedränge. Auf Nimmerwiedersehen, fürcht ich... Ich kenn überhaupt nix wieder, alles wuselt so wahnsinnig schnell durcheinander und ineinander über und drunter und drüber – das pure Chaos, kann ich ihnen sagen! Und denn diese Hitze! Ich bin schon ganz aufgelöst. Ob ich noch Masse hab, wollen sie wissen? Sie haben Humor! Ich weiß nicht mal mehr, ob ich Männchen oder Weibchen bin, bloß heiß ist mir! Ich bin außer mir vor Wut! Mann, bin ich geladen! Nützt mir aber gar nix, daß ich drüsel mit 'nem Megaspin auf diesem Hexentanzplatz – hier ist kein Entkommen. Das hier ist die Hölle, das Inferno, unbeschreiblich, können sie mir glauben . . .

Ach so, meine träge Masse. Also die ist hier wieder voll da, geht aber völlig unter, spielt kaum 'ne Rolle, meine Einbindung in das Gravitationskraftgeflecht der fernen Massen. Ferne Massen! Die können mir hier auch nicht helfen, mich hier rausholen . . . Hier spielen ganz andere Kräfte die große Geige. Kräfte, von denen ihr da draußen überhaupt noch gar keine Ahnung habt!

Doch mein anderes Ich, meine Schwere, die mischt jetzt tüchtig mit, kann ich ihnen sagen! Hätt ich nie für möglich gehalten. Von wegen 10 hoch minus 39! Eins durch r-Quadrat!! Das ist hier Fakt in der Enge!!! Wenn Zeit ein Prozeßparameter ist, wie ihr da draußen immer sagt, dann rast sie hier. Hektik! Was hier unten so alles abgeht in einem Wahnsinnsaffenzahn - da kommt gar nix mit, nicht mal eure komische Prozeßzeit. An welchem Prozeß hängt sie denn, he? Hier gibt's tausende, unterschiedlich schell ablaufende Vorgänge. Wenn ihr die da überall gleichzeitig ankoppeln wollt, zerreißt es sie. Also laßt bitte schön die liebe Zeit in Ruhe, ja!
Was kann denn die für euern relativistischen Spleen?!?

Soweit unser imaginärer Prozeßberichterstatter. Er ging für uns weit über die Grenzen des jemals Erfahrbaren. Ob seine Kunde sicher ist? Wer weiß!

Man könnte so schließen: Die Massenverteilung im All bestimmt das resultierende Gravitationsfeld, das mit allen möglichen Vektor- und Tensor- und Spinor- und was weiß ich noch für Gleichungen möglichst adäquat beschrieben werden kann und die Berechnung der Himmels- und Erdmechanik auch wohl schon in ziemlicher Perfektion ermöglicht. In welcher Geometrie, in welchen Koordinaten auch immer – die Zweckmäßigkeit entscheidet. Da ist ein wenig Willkür erlaubt.
Freie Bahn den Mathematikern!

Doch reicht man denen den kleinen Finger, nehmen sie gleich die ganze Hand. Halten ihr Raumraster für den Raum, ihre Rechenregel für ein Naturgesetz. Diesem verhängnisvollen Irrtum ist leider auch Albert Einstein anheimgefallen. - - - In **"Mein Weltbild"**, Amsterdam 1934, Ullstein 1977, schreibt er auf den Seiten 116 ff : *" . . . Nach unserer bisherigen Erfahrung sind wir nämlich zum Vertrauen berechtigt, daß die Natur die Realisierung des mathematisch denkbar Einfachsten ist. Durch rein mathematische Konstruktion vermögen wir nach meiner Überzeugung diejenigen Begriffe und diejenige gesetzliche Verknüpfung zwischen ihnen zu finden, die den Schlüssel für das Verstehen der Naturerscheinungen liefern . . . In einem gewissen Sinn halte ich es also für wahr, daß dem reinen Denken das Erfassen des Wirklichen möglich sei, wie es die Alten geträumt haben . . . Um dieses Vertrauen zu rechtfertigen, muß ich mich notwendig mathematischer Begriffe bedienen. Die physikalische Welt wird dargestellt durch ein vierdimensionales Kontinuum. Nehme ich in diesem eine Riemannsche Metrik an, und frage nach den einfachsten Gesetzen, denen eine solche Metrik genügen kann, so gelange ich zu der relativistischen Gravitationstheorie des leeren Raumes. . . . "*

Und dann verliert sich dieser Mann, der dem reinen Denken einen so hohen Stellenwert beimaß und der es in so hohem Maße beherrschte, auf den Folgeseiten in kleinlichen Formelkrämereien . . . Die Trägheit, die man laut Mach auf die Gravitation zurückführen muß und auch leicht kann, läßt er übrig und die Gravitation läßt er durch einen raffinierten Rechentrick einfach verschwinden, erklärt sie zur Einbildung: *"Die Schwerkraft ist Illusion, weil wir ihren Wirkungsmechanismus nicht deuten können.(!!!) Real, ja einzig wirklich, muß also (!) die Krümmung des Raums werden, in dem wir leben. Diese Raumkrümmung» täuscht uns Kräfte nur vor. «"*

Das erinnert mich fatal an einen anderen Kernsatz: *"Die Scheidung zwischen Vergangenheit, Gegenwart und Zukunft hat nur die Bedeutung einer wenngleich hartnäckigen Illusion."*

Hermann Minkowski, der mathematische Konstrukteur des "Raumzeitkontinuums", schreibt 1908 über sein Konstrukt *("das man aus irgendeinem Grunde vorzieht")*: *"Von Stund an versinken Raum für sich und Zeit für sich völlig in den Schatten und nur noch eine Art Union der beiden soll Selbständigkeit bewahren."* - Im Windschatten solcher Behauptungen gedeihen dann Geistesblüten wie diese von Paul Davies: *"Unstrittig ebenfalls, daß in Schwarzen Löchern die Zeit stille steht, w e i l i h r e M a s s e (!) s o e x t r e m g r o ß i s t."* - Was heute nicht alles als unstrittig gilt in der modernden Kosmogonie! Die Masse der Zeit!!! Mühsam nur kann ich mir weitere Zitate und Kommentare verkneifen...

Aus fernsten Sphären erreicht mich tröstlicher Zuspruch : *"Et plane insensatissimi capitis est putare ita naturam numerorum habere differentias sicut et nos :*= **Nur ein ganz sinnloser Kopf kann deshalb wähnen, die Natur befolge dieselben Zahlenverhältnisse wie wir"** und *"Sapientibus* *enim illud certissimum esse debet, quod tum numeri tum numerandi rationes ita sunt diversi, sicut et numerantim digiti, capita et intentionum conditio non est eadem :=* **Denn nichts kann für den Weisen sicherer sein, als daß die Zahlenverhältnisse ebenso wie die Zählmethoden ebenso verschieden sind, als der Zählenden Finger, Köpfe und Ziele nicht dieselben sind."** *(Giordano Bruno: "del' infinito universo e mondi", Venedig / London 1584)*

1 6 0 0
Kirchenglocken. Scheiterhaufen. Schauderhafter Schwarzer Mief.
Tumber Klerus! Den Nolaner brennt ihr in die Seelen tief
Zu dem andern Menschensohne der zu neuem Glauben rief.
Jesus Christus! Giordano! Tausend Jahre sind kein Hauch:
Uns´re heut´gen Großkopfeten die veränderten sich auch:
Nicht bekehren, nur verdienen. Nicht der Geist,
nur noch der Bauch.

Auf dem Bauche alle kriechen. Wucher kauft die Adelskronen.
Kirchen, Universitäten? Bestenfalls Freihandelszonen!
Sein ist Nichts und Haben Alles – wo soll da der Geist noch wohnen?

Keinen Schritt die Menschheit tat
nach Dir, Giordano, weiter
Auf dem Wege der Erkenntnis, auf der steilen Sphärenleiter.
Gigabytes, Zyklotrone, kongeniale Eloquenz?
Nur weil sie das Denken fürchten in der letzten Konsequenz!

Fürchten Inquisitionen reformierter Patriarchen
die auf ihren Heil´gen Stühlen ruhen und ein wenig schnarchen...

(Aus "Vom Regen in die Traufe", Stock & Stein Verlag, Schwerin)

EIN HEILIGES VERMÄCHTNIS

"Sodann erschien mir zwischen Sohn und Vater (Mars und Saturn) maßhaltend Jupiter. Und nun verstand ich, wie ihre Bahnen wechselvoll verlaufen. Und alle sieben (sic!) Wandelsterne zeigten mir ihre Größe und Geschwindigkeit, und wie sie Abstand voneinander halten."
(Dante Alighieri, DIE GÖTTLICHE KOMÖDIE , um 1300)

S o w a s galt damals als unstrittig, Herr Davies. Eure heutigen Unstrittigkeiten aber basieren nicht mehr auf der krummen Sieben, sondern auf dem hohen c. Welch vehementer Fortschritt!

Nur ein einziger Mann hat inzwischen euern heiligen Zahlenmythos verlacht – und den habt ihr in'n Knast gebracht. Nach sieben Jahren schwersten Kerkers übergabt ihr ihn dann der weltlichen Gewalt mit der frommen Bitte, diese möge ihn *"so gelinde wie möglich und ja ohne die Vergießung seines Blutes bestrafen."* Man verstand sich prächtig: Es floß kein Tropfen Ketzerblut an jenem siebzehnten Februarmorgen anno domini 1600. Anno domini 2000 versucht Kardinal **Ratzinger**s *(nomen est omen)* vatikanische Theologenkommission (die Nachfolgeorganisation der Heiligen Inquisitionsbehörde übelsten Angedenkens) das im Heiligen Jahr fällige **MEA CULPA** zu entschärfen: Kein Sterbenswörtchen soll der polnische Papst zur Ermordung von Millionen jüdischer Landsleute verlieren. Kein Wort über ihre Mörder, die sich unter'm Heiligen Stuhl verkriechen durften, bis sie per *"Rattenlinie"*, im Heiligen Stuhlgang gewissermaßen, nach Südamerika in Sicherheit gebracht wurden. Kein Wort über die Kreuzzüge. Kein Wort über die Ketzerverbrennungen.

"Im Laufe der Jahrhunderte wurden zweifelhafte Mittel f ü r d e n r i c h t i g e n   Z w e c k angewandt" formuliert Karrrdinal Rrrratzinger und Papst Johannes Paul bittet um Vergebung *"für den Einsatz von Gewalt i m D i e n s t e d e r W a h r h e i t."*
Minima culpa ergo.

"Humanum fuit errare, d i a b o l i c u m est per animositatem in errore manere.":= Irren ist menschlich ; t e u f l i s c h ist, aus Stolz im Irrtum zu verharren. *(Augustinus, 354-430, Sermones 164 / 14)*
Von diesem wackren Kirchenvater stammt übrigens noch manch anderer trefflicher Sermon. **Cornix cornici oculos non effodiat:= Eine Krähe hackt der anderen die Augen nicht aus.** So klingt's aus dem Altertum zu Ratzinger herüber und auch für meine Argumentation wäre etwas Brauchbares abgefallen. In Sermones II, 6, 8 steht: *subtracto fundamento in aere aedificare* := **nachdem das Fundament entzogen ist, in die Luft bauen;** nachdem der Michelson – Pfeiler kippt, hängt die ganze **SRT** in der

75

Luft, entpuppt sich als *Luftschloß*. Danke, Augustinus, herzlichen Dank nachträglich! -
Und Du, lieber Leser, entschuldige bitte die Abschweifung. Wo waren wir stehengeblieben? Ach, richtig! Rrrrattenlinie als *"rrichtiger Zweck"* Rrrratzingers. Diabolo! Sind Ratten stolz? Unter *Animosität* hab ich bisher immer sowas wie Empfindlichkeit verstanden. Moment mal. Hier steht's in meinem Wörterbuch: *Aufgeregtheit, Gereiztheit; Leidenschaftlichkeit; Feindseligkeit.* Unter *Animus* finde ich *Seele, Gemüt; Geist, Denkkraft; Gesinnung, Sinnesart, Neigung; Mut; Vorsatz, Absicht.* Ja, das trifft's! Die 1945-er Rattenlinie Vatikan – Südamerika war Vorsatz, Absicht. Man muß doch den in ihrer Bedrängnis *aufgeregten* und *gereizten* Ratten christliche Nächstenliebe angedeihen lassen, wenn die auch mitunter *"zweifelhafte Mittel für den richtigen Zweck"* (sprich Ausrottung Andersgläubiger) angewandt haben. *Denen* war man Dank schuldig, *die* durfte man doch nicht der weltlichen Gerechtigkeit überantworten. Waren doch keine Ketzer schließlich, was Rrrratzinger?
Schließlich haben sie ja die Drecksarbeit für euch erledigt. Das Vergasen geschah *"so gelinde wie möglich, ohne die Vergießung von Judenblut".* Ihr verstandet euch schon immer prächtig, was Ratzinger?
"Die Schurken aller Nationen verstehen einander wortlos." (HALLDOR LAXNESS)

Sie haben sich nicht gebessert, Giordano. Sind nur ein wenig verschlagener geworden, die Ratten, in den letzten 400 Jahren. Geistige Unabhängigkeit ist ihnen immer noch ein Greuel. Sie brauchen und segnen die, *"die da geistig arm sind"* und tun alles, damit die es bleiben. In das *Physik*buch KUHN / WESTERMANN 1990, 12/13. Gymnasialklasse, lassen sie Fragen drucken wie: *"Wodurch wurde der Urknall in Gang gesetzt?" "Verlief die Evolution des Kosmos nach Plan?", "Hatte ein verborgener Plan den Menschen zum Ziel?", "Ist das anthropische Prinzip eine Antwort auf die Frage nach Sinn und Ziel des Universums?"*
Die Antworten aber ergeben sich zwingend aus einem schlüssig aufgebauten, in sich konsistenten und pythagoräisch – sophistisch perfekten Lehrgang: *"Wir haben erfahren(!), daß die Energie aus der Instabilität des Quantenvakuums hervorgeht. (Creatio ex nihilo, Schöpfung aus dem Nichts)", "Ein Hinweis auf die Planmäßigkeit (der Schöpfung) könnte uns die Feinabstimmung(!) der Fundamentalkonstanten geben."* et cetera in infinitum. Dein Kommentar dazu: *"Se non è vero, è molto ben trovato.*
:= *Wenn es nicht wahr ist, so ist es doch sehr gut erfunden." (Degli eroici furori, Paris 1585)* - Dein wohl größter Fan **Bertolt Brecht** hat Dir ein wunderschönes literarisches Denkmal errichtet: *"Der Mantel des Ketzers" (Kalendergeschichten, AUFBAU-Verlag Berlin und Weimar 1973)*

Ein wenig von Deinem reichen geistigen Erbe möchte auch ich mit hinüberretten in's 3.Jahrtausend, bevor sie Dich gänzlich aus den wissenschaftlichen Bibliotheken verdrängen, die Oxforder Professores, die Du so trefflich gegeißelt hast in Deinem **"ASCHERMITTWOCHSMAHL"**.
Dank Dir, Giordano !

So, da bin ich wieder, lieber Leser. Mein Zorn über das scheinheilige Geschleime der Kurie hatte mich fortgerissen. Hier hast Du nun ohne das lästige Latein einige Perlen aus dem philosophischen Nachlaß des Nolaners, die ich mühsam für Dich aufgestöbert und abgestaubt habe:
"..... (Auf dem Mond) ... werden sie (die Mondianer) Dir glauben, wenn Du auf Deine Heimatwelt dort zeigst und sagst, der dunkle Fleck im Silberglanze sei ... et cetera, in verse ... ... Sollten nicht auch in dem Wald, der Deinen Augen entfernt ist, grade wie hier umschwirren den Lorbeer mancherlei Vögel ?" fragt er in *"de Universo"* und vergißt nicht, deutlich darauf hinzuweisen, daß schon ANAXAGORAS die Sonne für eine glühende Steinmasse hielt und den Mond für bewohnt und größer als den Peleponnes. Er verweist auf ARISTARCH VON SAMOS, den vermutlich ersten Heliozentriker, welcher schon 260 vor Christi die Entfernung Mond – Erde zu 56 Erdradien angab. (heute 60; Mondbahnradius 384 405 km = 60,269 · 6378,2 km Erdäquatorradius).

Begeistert rühmt er THALES VON MILET, der schon 585 vor Christi eine Sonnenfinsternis voraussagte, die geniale Gradmessung des ERATOSTHENES VON KYRENE (~276 - ~ 195 v.u.Z.) zur Erdumfangsbestimmung und viele andere große griechische Philosophen–Physiker jener hellenistischen Hoch – Zeit. Für sich aber beansprucht er nur die Ehre, *"ein jahrtausendlang erloschenes Licht wieder angezündet zu haben."* - Gemäß Goethe, der da meint: *"Was ist denn Genie anderes, als die Fähigkeit, alles, was uns berührt, zu ergreifen und zu verwenden, ... zu ordnen und zu beleben ... ?"* greift er die Ideen der alten Griechen auf in immenser Intention, führt sie mit grandioser Geisteskraft fort zu ihren letztendlichen Konsequenzen.

In *"Excubitor"* (Der Erwecker) beruft er sich sogar auf den später von ihm vielgeschmähten ARISTOTELES : *". . . so müssen wir uns ins Gedächtnis zurückrufen, was selber Aristoteles gesagt hat, daß die Gewohnheit des Glaubens die hauptsächliche Ursache ist, welche die menschliche Vernunft an der Einsicht solcher Dinge, die sich von selber offenbaren wollen, hindert."* Wider Aristoteles: *"Ferner möchte ich noch behaupten, daß die angebliche Bewegung des Schweren und Leichten nicht nur für den unbegrenzten Körper eine unstatthafte Annahme ist, sondern überhaupt für jeden ganzen und vollständigen Körper. . . Und ich wiederhole die Behauptung, daß n i c h t s in absoluter Bedeutung schwer oder leicht ist, sondern alles nur beziehungsweise, d. h. in Beziehung zu dem Ort, nach welchem die nur ausgebreiteten und zerstreuten Teile sich zurückziehen und zu sammeln streben." (Dialog vom Unendlichen) "...??? sind nicht weniger auch, wie die Erde, für Welten zu achten ... und im Verhältnis zum Göttergestirn in der Mitte von kleinem Umfang und erglänzen im Licht nur, das sie ihm borgen. Alle sind sie zu Zeiten uns mehr oder weniger nahe und zu anderen Zeiten in große Entfernung entrückt uns. So wird die Mär von dem eigenen Zweck und der Art der Kometen abgewiesen von uns, wie der Aberglaube an jene unverletzbaren Kreise der sieben Planeten, die niemals ein Komet zu durchkreuzen vermöchte mit fremden Gewichte; oder sollte wohl gar mit rasendem Umschwung ihn treiben jene Sphäre mit prächtigem Klang, für welche die Erde Zentrum sein soll? Vielmehr um die Sonne als Herrscherin drehen sich alle Planeten und wandeln durchs Äthergefilde mit eigenem Sinn und Verstand... Den dauernden Glanz der Sonnen, um welche gleiche Chöre sich regen, faßt unser Auge so weit nur, als etwa die Flutung des Meeres von der Küste aus sichtbar. Traun, unmöglich wär's, auch jener Planeten zu sehen; Dreierlei hemmt ihre Sichtbarkeit: Es fehlt ihnen allen eigene Leuchtkraft, klein im Verhältnis zu Sonnen sind alle, und die Entfernung ist groß. (de Universo IV. cap. XIII)*

... zu Sonnen, Plural. Die Natur der an die (auch von Kopernikus noch nicht angetasteten!) Fixsternkuppel gehefteten Leuchtpunkte, die er anderenorts als <u>unserer</u> Sonne gleichwertige Centralfeuer anderer Planetenchöre erklärt, ist ihm so evident, daß er sie nicht andauernd expliziert. Der bekennende Kopernikusjünger merkt nur an: *"... Kopernikus ist der Wahrheit sehr nahe gekommen, ohne sie ganz zu erreichen; <u>denn er war mehr Mathematiker als Naturforscher (!)</u>..."* und hat als solcher die crystall'ne Kuppel nicht durchschauen können, was dem *Philosophen* BRUNO möglich war. In anderer Hinsicht aber ist KEPLER dann viel weiter gekommen, <u>weil</u> er ein so hervorragender Mathematiker war.

Und, immer noch, ANTI ARISTOTELES :

"... Alles was er von dem Schweren und Leichten lehrt, müssen wir als eine der schönsten Früchte bezeichnen, die der Baum stumpfsinniger Unwissenheit jemals getragen hat. (Hier hat er's wohl den borniertem Oxforder Professores mit gleicher Münze heimzahlen wollen.) *... Was aber das Weltall und den unendlichen Stoff betrifft – wo hätte sich jemals einer gefunden, <u>hier</u> von Schwere und Leichtigkeit zu sprechen? Oder wer hätte jemals solche Grundsätze aufgestellt und dermaßen phantasiert, daß man aus seiner Behauptung die Schlußfolgerung ableiten könnte, das Unendliche sei leicht oder schwer, steige aufwärts, falle oder müsse ruhen ? ... ferner ist es eine zwingende Folgerung, daß die großen Weltkörper an sich unmöglich weder schwer noch leicht sein können, da das Weltall unendlich ist und sie zu demselben keine Beziehung der Nähe oder Ferne haben und weder seinem Mittelpunkte, noch seiner Umgebung nahe stehen können... Wie es sich aber mit den Teilen der Erde verhält, die vermöge ihrer Schwere zur Erde zurückkehren, - Schwerkraft ist ja das Bestreben der Teile zu ihrem Ganzen, des in der Fremde befindlichen zu*

seinem heimatlichen Ort (die Sehnsucht nach Italien hat ihn im englischen Exil nie losgelassen) - so verhält es sich auch mit den Teilen aller anderen Weltkörper; wie es denn sicherlich unzählige andere Erden oder Körper von ähnlicher Beschaffenheit und unzählige andere Sonnen oder Zentralfeuer oder Weltkörper von analoger Beschaffenheit gibt. Alle streben und bewegen sich von den Orten ihrer Umkreise zu den Kraftmittelpunkten (! ! !) hin, woraus sich denn zwar ergeben würde, daß die schweren Körper der Zahl nach unbegrenzt sind, keineswegs aber, daß es eine unendliche Schwere in einem Gegenstande und in intensiver Beziehung gäbe, vielmehr ist sie nur in extensiver Hinsicht in unzähligen Gegenständen vorhanden ... Das also, was Aristoteles von der Unmöglichkeit der unendlichen Schwere faselt, ist so trivial, daß man sich fast schämen möchte, es überhaupt erwähnt zu haben; ... "

Hallo! Hab ich nicht gerade unter "Grundsätzliches" ähnlich formuliert? Nun ja, GOETHES *"himmelhoch jauchzend, zu Tode betrübt"* steht auch schon bei BRUNO . . . Bei LEIBNIZ, der mit der von Giordano Bruno abgekupferten Monadentheorie ganz groß rauskam, liegt die Sache ein wenig anders. Der bekennt zwar, *"Jordanum Brunum gar fleissig studiret zu haben"*, schmäht ihn dann aber ebenso fleißig und spielt dessen Verdienst herunter... *(Leibniz, opera omnia, page 369ff ; siehe auch BRUNHOFER: Giordano Brunos "Lehre vom Kleinsten" als die Quelle der "Praestabilisierten Harmonie" von Leibniz. [Leipzig, RAUERT & ROCCO 1890])*

Auch Petrus Daniel Huetius, Bischof von Soissons, wirft seinem Lehrer DESCARTES(!) Plagiat an BRUNO vor. Petro GASSENDI, der als Denker des infiniten Universums, als geistiger Schöpfer der unendlich vielen Welten gilt, wußte scheinbar nichts von Giordano Bruno, nimmt in seinen Astronomenbiographien auch auf zweit- und drittrangige Bezug, ohne den Nolaner zu erwähnen. *("Tychonis Brahei, equitis dani, astronomorum Coryphaei, vita. MDCLV")* Also 1655, im Todesjahr Pierre Gassendis, erschienen. Nicht mal nach Frankreich war Brunos Ruhm gedrungen... Aber ich schweife schon wieder ab, verbiestere mich in dem ganzen Notizzettelwust (man durfte die Folianten natürlich nur im Lesesaal einsehen). Hier nun die versprochenen Perlen. Voila !

"Damit scheint mir übereinzustimmen, was Salomo sagt, der weiseste unter den Hebräern: "Was ist das, was ist? Dasselbe, was gewesen ist. Was ist das, was gewesen ist? Dasselbe, was sein wird. Nichts neues unter der Sonne." " (Della causa)
"So werden wir doch finden, daß es nicht nur für uns, sondern für jegliche wahre Substanz keinen Tod gibt, daß Jegliches, durch den unendlichen Raum dahinwallend, nur sein Angesicht ändert." (De l' infinito)
In *"De Triplici Minimo"* besingt er Stoffwechsel und Seelenwanderung, nimmt genial das Gesetz von der Erhaltung der Masse, der Energie, der... und

die Ergebnisse der Spektralanalyse vorweg, kippt er die Urknalltheorie, bevor sie aufgestellt wurde. Aufgestellt von den Erben seiner Feinde...

"In unseren Tagen ist die Mehrzahl der Priester derartig, daß sie und um ihretwillen die göttlichen Gesetze verachtet sind; fast alle aber, welche wir als Philosophen betrachten, sind von der Art, daß sie selbst und um ihretwillen die Wissenschaft in Geringschätzung sinken." (Della causa)

Nun muß es heraus: In unseren Tagen, d. h. in meiner Erinnerung so zwischen 1960 und 1989, waren die meisten (Pseudo)kommunisten so, daß um ihretwillen die mir heilige Sache des Sozialismus / Kommunismus unterging. Giordano, mein Bruder!

"Wollen wir unsere äußeren Verhältnisse ändern, nun, so ändern, ja ändern wir zunächst unsere Gesinnungen, unseren Charakter. Ausgehend von der Reformation der inneren Welt wird der Fortschritt zur Reformation der sichtbaren und äußeren keine Schwierigkeiten haben."
(Reformation des Himmels, p. 82, 83)

"... und der Zeiten zahllose Waffenknechte, ihr mögt an Erz und Eisen mit Euren Zähnen nagen – mein Geist lacht Eurer Wut!-
Und unverzagt durchschneid ich
Des Raumes schrankenloses stet'ges Äthermeer
Mit Fittichen, die nicht mehr von alter Mär betrogen
Krystall'ne Kugelschalen als Hindernisse fürchten...
Erdichtet sind die Kreise.
Ein Irrtum schon am Ausgang, verhängnisvollster Fehler!
... Gedenkend meines Ursprungs und angestammten Adels
In göttlich hohem Streben: Ich ward mein eigner Führer
Mir selbst Gesetz und Leuchte, ..., mir selber Weg und Weiser.
... Und während ich die Erde dem stumpfen, dumpfen Wahne
Und der Verblendung lasse streb ich den Sonnenstrahlen
Und andren lichten Welten entgegen und durchreise
Den schrankenlosen Äther." (de Immenso et de Innumerabiles)

".......... Und mögt ihr mich dem Ikarus vergleichen,
nur höher noch entfalt ich mein Gefieder.
Wohl ahn ich selbst, einst stürz ich tot darnieder;
Welch Leben doch kann solchen Tod erreichen? ...."
(heroici furori II, 16)

Eine andere der besagten Brecht'schen Kalendergeschichten bringt uns SOKRATES nahe, einen ebenso Großen, auf den die Menschen ebenso stolz sein könnten, wenn sie ihn denn kennten... Beider Schlußwort an ihre mächtigen Richter, die heute keiner mehr kennt: *"Wohl mit größerer Furcht fällt ihr mein Urteil, als ich es vernehme."* Es liegen 2000 Jahre zwischen diesen Letzten Worten und sie sollen mit derselben festen Stimme gesprochen worden sein in verschiedenen Sprachen. Sokrates wollte die jungen Athener zu Anstand, Tugend und Weisheit führen, was die natürlich

zu unbrauchbaren Untertanen gemacht hätte und also unterbunden werden mußte. Giordano Bruno wollte dem unabhängigen freien Denken und also der Vernunft Bahn brechen – ein ebenso ungeheuerliches Unterfangen.
Zittert, ihr Lobpreiser der geistigen Armut – es ist ihm gelungen, trotz alledem. Ihr habt sein Umdenken nicht erzwingen, sein Andenken nicht austilgen, seine Ideen nicht verbrennen können. Von seinem unsterblichen Geist begeistert, trugen andere die Fackel weiter durch eure dumpfen Finsternisse. Dieser südländische Feuerkopf steckte sogar einen deutschen Rechtsgelehrten an: Dr. jur. Ludwig Kuhlenbeck hat 1892 Giordano Brunos zerstreute Werke gesammelt und übersetzt. Im Band III findet sich auf Seite 26 folgende Perle:

"Die Schwingen darf ich selbstgewiß entfalten,
Nicht fürcht ich ein Gewölbe von Kristall,
Wenn ich der Äther blauen Duft zerteile
Und nun empor zu Sternenwelten eile,
Tief unten lassend diesen Erdenball
Und all die niedren Triebe, die hier walten!"

Herrlich! Welch einfühlsame und hochachtungsvolle Übertragung und Verdichtung aus *"De immenso et de innumerabiles"*!

Es wird die Spur von seinen Erdentagen
nicht in Äonen untergehn...

Danke, Herr Geheimrat! *So* schön hätt ich das nie sagen können.

DIE FERNWIRKUNGSFURCHT

BRUNO kannte sie nicht. Für ihn streben einfach vermöge ihrer Schwere *"unzählige andere Erden unzähligen andere Zentralfeuern zu, bewegen sich von den Orten ihrer Umkreise zu den Kraftmittelpunkten (!!!) hin."* KEPLER kannte sie wohl auch noch nicht. In fast noch pythagoräischer Manier versuchte er zunächst einfache platonische Körper wie Tetraeder, Hexaeder und Dodekaeder zur Umschreibung beziehungsweise Abgrenzung der Planetensphären zu benutzen, bevor er dann den besonders exzentrischen Kriegsgott Mars mathematisch bezwang, an ihm seine genialen Ellipsen explizierte, die sich sodann zur exakten Beschreibung der gesamten Himmelsmechanik so überaus trefflich eigneten.

Ob Brunos *Zentralfeuer als Kraftmittelpunkte* hilfreiche Hypothesen für die Brennpunkte der Keplerschen Ellipsen waren? Ob Kepler Kräfte intuitiv erfühlte, erwog, bedachte? Ob diese ihn heimlich auf den richtigen Weg zu seinen Gesetzen führten? Ob er sie wegen ihrer rätselhaften, unheimlichen Natur fürchtete oder verehrte – wir wissen es nicht. Ob er sie als das "nutzlose" aristotelisch – naturphilosophische "WARUM ?" in quasi schon vorgaliläischer Manier extra außen vor ließ, um sich ganz auf das "WIE ?" der Bewegung konzentrieren zu können – wir ahnen es nur.

NEWTON kannte sie nicht. Seine Gravitation galt ihm als unmittelbarer Beweis für göttliches Wirken; die Frage nach dem innersten, eigenen Wesen dieser über unendliche Entfernungen augenblicklich, unverzüglich, ununterbrochen und unabänderlich, scheinbar unvermittelt, ausnahmslos überall angreifenden, nur mathematisch faßbaren Kräfte verbot sich für ihn also von selbst, wäre eine ungehörige, unehrerbietige Spekulation gewesen, eine *"Hypothese, die man nicht erfindet"*, um Gott nicht zu nahe zu treten. Das aber tat dieser freche Franzose, dieser hochmütige Descartes, der alles bis auf's Letzte mit unfehlbarem Scharfsinn aus willkürlichen Grundannahmen ableiten zu dürfen sich anmaßte. Gegen diesen gottlosen französischen Materialismus suchten die englischen Theologen Munition und fanden sie in Newtons unergründlicher, unerklärlicher, eben göttlicher Gravitation. Die Newtonsche Physik wurde so zur ideellen *Angriffs*-Wunderwaffe im Glaubenskrieg gegen Frankreich. (Das 2000 Jahre zuvor von ARCHIMEDES konstruierte mechanische Kriegsgerät diente hingegen nur der *Verteidigung* seiner Heimatstadt Syrakus gegen die Römer.)

Für jeden frommen Engländer war es nun nationale Ehrensache, ja Gottesdienst, begeisterter Anhänger und Verfechter und Verbreiter der neuen Newtonschen Lehre zu werden, mit der man den verhaßten Franzosen ganz elegant ein's auswischen, ihnen auf die feine englische Art den wissenschaftlichen Vorrang ablaufen konnte. - Sicher hätte sich Newtons bewundernswert schlüssiges und tragfähiges Konzept auch anders durchgesetzt irgendwann, doch so wurde es ein in der Wissenschaftsgeschichte beispielloser Siegeszug. Klerus und Nationalchauvinismus als Beförderer

wissenschaftlichen Fortschritts! Unversöhnliche Fortschrittsgegner als Wissenschaftsförderer!!!
"Nature and Natures laws lay hid in the night,
God said »Let Newton be«, and all was light."
Natur und Naturgesetz lagen verborgen in Nacht.
Gott sprach: "Es werde Newton!" und Licht war entfacht.
(Rosenberger: Isaak Newton, Leipzig 1895, S. 388)
FARADAY kannte sie wohl, ließ sie aber gar nicht erst aufkommen. Seine gegenständliche Vorstellungskraft, seine konstruktive Phantasie erfüllte die furchteinflößenden, geheimnisvoll überbrückten ZwischenRäume einfach mit seinen anschaulichen Kraftlinien. Diese seine elektromagnetischen Felder wurden später noch von vielen Forschern erfolgreich weiter und tiefer beackert. Sein Landsmann James Clerk Maxwell und der Deutsche Heinrich Hertz ernteten darauf besonders reiche Früchte, von denen wir alle heute noch zehren.

HERTZ war die Fernwirkung innerlich so zuwider, daß er beschloß, den Kraftbegriff ganz zu verwerfen, eine völlig kräftefreie Physik zu entwerfen. Ein allerdings erfolgloser Entwurf, den Boltzmann 1899 *"ein Programm für eine ferne Zukunft"* nannte.

EINSTEIN jedoch muß mächtig beeindruckt gewesen sein, denn er warf aus purer Fernwirkungsfurcht tatsächlich die Gravitationskraft über Bord, als er sie sich nicht erklären konnte. Diesem Versuch fehlt allerdings die Hertz'sche Konsequenz, denn er läßt die prinzipiell ebenso fragwürdigen übrigen Naturkräfte weiterhin gelten, erkennt Nähe also nicht als geringe Ferne, verdrängt zumindest diese Erkenntnis *"aus irgendwelchen Gründen"*.

Das tiefe Unbehagen, das jeden denkenden Menschen angesichts der geheimnisvollen grenzenlosen Gravitation überkommt, gebiert natürlich den Wunsch, eine Erklärung zu finden. Das Ziel von Erklärungen in allen Wissenschaften zu allen Zeiten war es bisher, Dunkles aufzuhellen, scheinbare Gegensätze aufzuheben, sie zwanglos in einen umfassenderen Zusammenhang zu stellen, sie in einer neuen höheren Einheit aufgehen zu lassen. Die Aufdeckung der Wesensverwandtschaft zwischen Magnetismus und Elektrizität, ihre Vereinigung zum Elektro-magnetismus sei Beispiel.

Die *Einsteinsche Relativitätstheorie* ist
die erste "Lösung", die unklarer als das Problem ist,
die erste "Antwort", die hinter der Frage zurückbleibt,
die erste "Aufklärung", die auf eine Verwirrung hinausläuft,
die erste "Einheit", die eine Kluft aufreißt, statt sie zu überbrücken.

"Ein Irrtum schon am Anfang, verhängnisvollster Fehler..."

Die von Ernst Mach bereits erfolgreich vollzogene Zurückführung der Trägheit auf die Gravitation, ihre restlose Auflösung im "Verbund der fernen Massen", der nur noch als resultierendes Gravitationsfeld hätte definiert werden müssen, um Newtons abstrakten absoluten Raum als konkrete Gegenkraft ablösen zu können, wird willkürlich und unlogisch in's Gegenteil verkehrt: Die als letztendlich verzichtbare Scheinkraft enttarnte Trägheit, die wegen Verletzung des Gegenwirkungsgesetzes schon disqualifiziert worden war, bleibt im Rennen und die Gravitationskraft fliegt raus.
Wegen wundervollen Laufstils.   Schiebung ! ! !

Über das wundervolle Geheimnis *der nun einmal ohne Rücksicht auf unser Verständnis irgenwie fernwirkenden* Gravitationskraft läßt sich vorerst nur spekulieren. (siehe weiter vorn) Wenn solch haltlose Spekulationen aber als gesicherte Erkenntnisse gehandelt werden, schöpfe ich Verdacht, muß warnen: Hochgeschwindigkeit nützt nix, wenn man in eine Sackgasse rennt. Selbst wenn als Zielband ein Superstring aufgespannt ist und verlockend die Weltformel winkt, das **p e r p e t u u m   m o b i l e** der Neuzeit...
Die Physik wird wie jede Wissenschaft immer offen bleiben müssen. Der irgendwie verständliche Wunsch großer Geister von Aristoteles über Ptolemäus bis Descartes, ..., ..., ..., nun aber endlich einmal restlos alles in ein endgültiges abgeschlossenes System zu sperren, das prinzipiell keine Fragen offen läßt, ist leider utopisch und wohl auch ein wenig anmaßend...
Doch zurück zu den verhängnisvollen Irrtümern am Anfang. Die gegenseitige Massenanziehung war, ist und bleibt real – egal, ob man irgendwann vielleicht doch noch die hypothetischen Gravitonen als ihre Mittlerteilchen aufspürt oder die sagenhaften, aber vorerst auch nur hypothetischen Gravitationswellen nachweist. Sie einfach wegzudiskutieren, durch raffinierte Rechentricks verschwinden zu lassen, nur um das System endlich abschließen zu können, war unzulässig.
(Ihr müßtet die Gravitations*kraft* übrigens wiederauferstehen lassen, wenn ihr *ihre* Mittlerteilchen finden solltet. Damit bräche logischerweise eure ganze Theorie zusammen. Also sachte weitersuchen und nicht verraten, wenn ihr *in der Richtung* etwas herausfindet. Von den anderen Teilchen könnt ihr natürlich weiterhin soviele entdecken, wie ihr wollt, euer Teilchenzoo ist ja noch lange nicht voll ...)
Vielleicht ist die allgemeine Massenanziehung das sicherste und zuverlässigste von allem, was der Mensch jemals herausgefunden hat... Das ersatzweise offerierte Rechenkunstprodukt **"Raumzeitkontinuum mit integriertem Massenkrümmungstensor"** hat unter'm Strich nur das von Giordano geöffnete All wieder geschlossen. *C u i   b o n o ? frage ich nur mal ganz leise an, will ja nicht dauernd auf der Kurie rumhacken . . .*

Da fällt mir ein : Bewegte Massen sollen angeblich zunehmen.
Die Hubble-Galaxien-Fluchtgeschwindigkeit ebenfalls.
Gaaanz weit außen werden die Galaxien also ungeheuer gravitativ, ziehen also *infolge ihrer relativistischen Massenzunahme* alles mächtig gewaltig zu sich an den Rand, wo es mit unendlicher Kraft zusammenballt, eine Schwarze Außenhülle bildet, eine **B L A C K   B L A S T U L A ,** die sich wie eine leere Seifenblase zum Tropfen zusammenballen müßte gemäß (bla, bla, bla * ti, ta, ta) – der Euch noch fehlende endgültige Beweis für Euren Endkollaps!
Krieg ich jetzt endlich auch einen Nobelpreis ab?
Oder ist dort, wo die Hubblegeschwindigkeit gegen Unendlich geht, der Raum so krumm, daß die Galaxienzeit rast oder stillsteht, alles sowieso singulär wird und eh nicht mehr weh tut ?
Na, ist ja auch egal. Tschuldigung, hab nur Spaß gemacht.

W e i l der Mensch (wie sein Gehirnprodukt Gleichung!) vor der Unendlichkeit scheut, läßt er sie sich von den theologischen Rechenkünstlern wegrechnen und sich selbst also wieder unter die 1600-er *"krystall'ne Käseglocke"* Riemannscher oder Lobatschewskischer oder sonstiger Fassung sperren, eine virtuelle Mattscheibe gar gewaltiger Dimensionen, geringer Wölbung zwar, doch letztendlich wieder in sich selbst zurückgebogen... Solange man nicht einsieht, daß alle Geometrien und Theorien und Gleichungen die Welt immer nur mehr oder minder gut **beschreiben,** nie aber **bestimmen** können, wird man immer wieder Opfer gerissener Scharlatane. Die hatten es noch nie so leicht wie heute, wo ihnen kaum noch einer mathematisch folgen und ihnen bewußte Irreführung nachweisen kann.
~ 1920 versinkt Arthur Eddington in tiefes Grübeln, als ein Reporter fragt, ob es stimme, daß nur 3 Menschen auf der Welt die Relativitätstheorie richtig verstünden? - *"Ich überlege die ganze Zeit, wer der 3. ist."*
Heute sind es nicht 3 oder 30 oder gar 300 – nein, wohl mehr als 3000 sind weltweit in die relativistische Formelfron eingebunden, liefern Lösung um Lösung, ohne überhaupt begriffen zu haben, was man sie da ausrechnen läßt auf ihren hyperschnellen Supercomputern, daß sie *"in aere aedificare"*, Luftschlösser errichten, der Kurie ihre Käseglocke aufpolieren...

Giordano, die Macht der orthodoxen Oxforder Professores, die Dich 1580 so gräßlich schikanierten, ist ungebrochen...
Galileo, Deine Erben werden vom römischen Klerus gelobt...
Robert Julius Mayer, Dein *EX NIHILO NIL FIT!* ist ungehört verhallt – sie sind wieder bei *creatio ex nihilo* gelandet...
Michael Faraday – wenn Du wüßtest, wer heute Dein Feld gepachtet hat...

Aber rechnen können die – ihr habt ja keine Ahnung!

DIE WECHSELWIRKUNGSMASCHE

Wechselwirkung, das einzige Kraut gegen Fernwirkungsfurcht, wurde denn auch prompt entdeckt und alsogleich zum Allheilmittel gegen allerlei Verdrießlichkeiten, Ungereimtheiten und seltsame Absonderlichkeiten der theoretischen Physik erklärt. *WECHSEL–WIRKUNG.* Wechsel wie wechselseitig, gegenseitig, Gegenwirkung: **actio = reactio** bewahrt, betont. Wirkung wie wirksam, wie Wirklichkeit, wie tatsächlich also – auch die Realität war scheinbar gut aufgehoben in diesem neuen Wort für die alte, in Verruf geratene *KRAFT.* Anfangs unterliefen freilich sogar berufenen Vollzugsbeamten der Neusprech–Verordnung mitunter peinliche Ausrutscher – sie sprachen z. B. noch lange von „Austauschkräften", obwohl längst alternative Begriffe wie „Bindung" oder „Kopplung" zur Verfügung standen... - *„Zwei Pfund Mehl, bitte !"* - *„Das heißt jetzt Kilo !"* - *„Mehl hörte sich aber besser an..."* Besonders bei uns in Mecklenburg, wo wi föftich Johr achter de Tid trüch sünd, seggen wi noch hütigendags *„Doppelzentner"* statt *„Dezitonne".* Kuurn ewer bliwwt Kuurn. - ***„Denn aus Gemeinem ist der Mensch gemacht und die Gewohnheit nennt er seine Amme."*** (Goethe)

Und so warfen sich natürlich auch die Wechselwirkungstheoretiker anfangs ganz gewöhnliche *Kraft*mittlerteilchen, pardon, WW – Partikel, gegenseitig zu, um z. B. die Abstoßungskr..., sakra! zu erklären. Ich muß da immer an Konstantin Eduardowitsch **ZIOLKOWSKI** denken, der 1900 seinen Kollegen in Kaluga sein Raketenprinzip bei einer Bootspartie demonstrieren wollte: Er hatte leider keine Rückstoßdüse dabei und so warf er in seinem dringenden Erklärungsnotstand kraftvoll alles, was ihm unter die Finger kam, nach hinten aus dem Boot - - - und siehe, es nahm tatsächlich etwas Fahrt auf, jetzt allerdings um Ruder, Rucksack und sonst noch was erleichtert. Der Massenmittelpunkt blieb unverändert, der Impulssatz unverletzt: Er hatte es von sich selbst abgestoßen, sich von einem Teil der Eigenmasse getrennt, das Antriebsprinzip für den Weltraum erfunden, wo bekanntlich auch nichts weiter ist, von dem man sich abstoßen könnte...

Ach, mein lieber Leser, sei kein Spielverderber, Du bist jetzt aus Spaß mein Schüler. (Ich kann es nicht lassen.) Zwei leichte Kähne haben wir und einen schweren Medizinball. Wir schubsen uns gleichzeitig vom Steg ab und gleiten über's stille Wasser, in spitzem Winkel aufeinander zu. - - - „Halt Abstand, sonst krachts, hier ist mein Hoheitsgewässer! Fang auf! Wirf schnell zurück, aber kräftig, nein, wuchtig, aber schnell!!!" Und wie wahnsinnig werfen wir uns mit gewaltiger *Wucht,* um nicht das verfemte Wort *Kraft* zu gebrauchen, gegenseitig den schweren Medizinball zu und können so tatsächlich den Zusammenstoß verhindern. Jetzt entfernen wir uns sogar wieder voneinander wie gefordert – ganz ohne die verfluchten Fernwirkungskräfte. Hurra, wir haben gewechselwirkt!

Allerdings können wir *s o* nur die Abstoßung simulieren. Auch wenn wir den Ball aufschnappen, ihn verschlucken (absorbieren), einen neuen hervorwürgen, um ihn unverzüglich mit Lichtgeschwindigkeit zurückzuspeien (emittieren) – es bleibt dabei.

Seien wir also mal aus Spaß zwei Protönchen, die sich mit neunzig unseresgleichen auf engstem Raum, in einem Urankern, zusammenquetschen lassen müssen. Wie wir uns verabscheuen! Widerlich! Abstoßend! Muß der seinen Obststand ausgerechnet neben meinem aufschlagen?! Ich schieb ihn einfach etwas weiter... geht nicht, ringsum lauter Obststände... wie der zurückdrängelt! Am liebsten würde er mich wohl auch auf den Mond schießen. Das muß ja eine mächtige Marktordnung sein, die uns 92 konkurrierende Unternehmen auf diesem engen Markt zusammenpfercht. Wenn wir so könnten, wie wir wollten, nur dem Coulombschen Gesetz gehorchen müßten, würden wir augenblicklich auseinanderspritzen wie die Kugeln einer explodierenden Kugelbombe.

Was hält uns hier zusammen? Ein neues Ballspiel! Wir haben unsere Bälle in Leimtöpfe getaucht und werfen sie nun einander zu, reißen sie uns gegenseitig aus den baksigen Fingern, igittigitt! Ein erbitterter, klebriger Konkurrenzkampf, der uns immer fester verleimt, verbindet, verpflichtet. – Leimfäden, Fäden, Stränge, Strings - **STRINGS!** Ich hab's! Mit STRINGS könnense ja nu ihren ganzen Quarks verkleistern – die sind nicht so eklich baksich und angeblich zu allem zu gebrauchen.

Diese sagenhaften **SUPERSTRINGS** können sie denn ja einfach gegen ihre diversen Austauschteilchen austauschen, bevor sie zwischen denen die Übersicht verlieren. *D a s* Geschäft !

Zwei Nobelpreise bitte, für mich und meinen Leser!

Äh, geht nicht! Hab ich doch glatt vergessen, daß elastische Gummistränge immer <u>stärker</u> zurückziehen, je weiter man sie ausdehnt. Für die in's Unendliche wirkenden coulombschen und gravitativen Kräfte, die mit dem Abstand immer <u>schwächer</u> werden, sind diese universell verwendbaren Strings denn ja auch wieder nicht zu verwenden und unsere schöne Vereinheitlichungsidee war Schnee, schade ...

Aber <u>wir</u> geben's wenigstens ehrlich zu ...

Doch halt, einen Augenblick noch, bitte! Das mit dem Medizinballstoßen hab ich mir eben doch noch mal überlegt, ich glaub, da war etwas faul. Nix von wegen kräftefreier Physik! Beim Hin- und Herschleudern des Balls haben wir beide uns ganz schön geschafft, die Abstoßung war nicht zum Nulltarif zu haben, hat uns ganz schön Kraft gekostet, pardon, Energie. Selbst wenn das Photönchen die nur rechnerisch zweckmäßige, ansonsten unsinnige Ruhmasse Null hat, schleudern die Elektronen es sich ja mit Lichtgeschwindigkeit zu, geben ihm also einen ganz schönen Impuls mit – wo soll auch sonst der Rückstoß herkommen?

Kraft * Zeit gibt Masse * Geschwindigkeit, eine über ein Zeitintervall einwirkende Kraft verleiht einer Masse eine ganz bestimmte Geschwindigkeit. Impuls p = Masse m * velocitas v
Impulsmaß [p] = Massenmaß [m] * Geschw. maß [v]
       Kg *   m/s = kgm/s^2 * s (erweitert) =
Ns = Newtonsekunde = Kraftmaß * Zeitmaß . Ja, stimmt, richtig erinnert, den Impuls. Gleich noch 'ne Dimensionsprobe, für E = m * c^2
[E] = [m] * [c^2] = kg * m^2/s^2 = kgm/s^2 * m = N * m = [F] * [s] = Kraftmaß * Wegmaß. Richtig, Newtonmeter, Energiemaß für das Einsteinsche Massenäquivalent. Scheinen also zu stimmen, die Formeln, haben die „Dimensionsprobe" bestanden.

 Weiter. Ruhmasse 0, angeblich. Mal sehen: p = m * c = 0 * c = 0
Hilft alles nix, der Impuls bleibt 0, selbst wenn wir uns Einsteins Lichterbse mit Lichtgeschwindigkeit zuwerfen. *Ex nihilo nil fit*, von nix kommt nix, wiederholte der Arzt aus Heilbronn so lange, bis sie ihn 1850 totgeschwiegen hatten, die Herren Rechenmeister.

 Rechnen wir weiter. Auch E = p * c = m * c^2 liefert für m=0 leider immer noch E=0. Macht nix, weiterrechnen.

 Nach nunmehr über 80 Jahren sinnlosem Rumgerechne haben sie es endlich eingesehen, daß selbst die aufgeblähtesten Formelmonster d a m i t immer nur Unsinn liefern können und also den anfänglichen Irrtum zugegeben.

 Weit gefehlt, AUGUSTINUS! *„... diabolicus, in errare manere"*, die Bande! Eine Raumsonde hat sie emittiert, um damit das peinliche Eingeständnis doch noch zur spektakulären Erfolgsmeldung hochjubeln zu können: *„Mit einem Magnetometer in der Raumsonde* **PIONEER 10** *wurde das Magnetfeld des Planeten Jupiter punktweise vermessen. Führt man eine Anpassung der Meßpunkte mittels der Maxwellschen Feldgleichungen durch, wobei die Masse des Photons als freier Parameter behandelt wird, so erhält man als unteren Grenzwert der Photonenmasse m < 6 * 10 hoch -16 eV."* (Prof. Dr. Karl Lanius, „Mikrokosmos Makrokosmos" URANIA – Verlag Leipzig 1988, S.136) Ein Buch, das ich guten Gewissens empfehlen kann, wenn auch streckenweise die gebotene kritische Distanz fehlt. 5/1o ooo ooo ooo ooo ooo eV also. Nun gut, besser als gar nichts. Das Elektron hat immerhin 0,5 MeV Masse, trilliardenmalsoviel. Wenn wir, lieber Leser, zwei Zentner wiegen, dürfte unser „Medizinball" vergleichsweise nur ein Zehntausendstel Picogramm wiegen, weniger als ein Bazillenschiß. -

 Und nun ist Schluß mit der Rechnerei, großes PIONEER – Ehrenwort. Ich wollte ja nur mal wissen, wie leicht unser Medizinball *in Wirklichkeit* ist und wie doll wir ihn uns also zuwerfen müßten, um unsere gegenseitige Abneigung demonstrieren, um das PAULI–Ausschließungsprinzip durchsetzen zu können.

In Wirklichkeit sind wir beiden Elektrönchen uns nämlich so spinnefeind wie die konkurrierenden Protonen vorhin auf dem Marktplatz mit ihrem gleichen Sortiment, der gleichen Ladung. Können es ebensowenig beieinander aushalten, würden unsere konkurrierenden Kähne am liebsten versenken, mindestens aber ganz weit abschieben mit den Rudern. Zwei Gummischlauchboote, wenn die sich aus Versehen ins Gehege kommen, prallen voneinander ab wie Billardkugeln und fertig. Aber sich in dieser Situation plötzlich wie wild mit Wattebällchen bewerfen?!?

Vertragen wir uns also wieder, ja? Betrachten wir gelassen von ganz weit oben all die rotblauen oder nichtgrünen seltsamen Gummiboote bei ihren verrückten Manövern. Wie ihre Wattebällchen oder Einsteinsche Lichterbsen oder Feynmansche Bohnen mitten im Flug zerplatzen, sich aufspalten in zwei zilliardenmalschwerere Piraten, die sich aber ganz, ganz lieb haben und also sofort in einer innigen Umarmung verschmelzen, daß die Funken man so stieben wie bei einem grandiosen *M i l l e n n i u m – Feuerwerk*. (Feuerwerksfoto S. 188 im SPIEGEL 6/'93 gesichtet; inzwischen sogar schon in Tageszeitungen...) Würdest Du Dich trauen, aus solchen Feuerwerksfotos die Länge des Holzstäbchens der Sylvesterrakete auf Hunderttausendstelmillimeter genau berechnen zu wollen? Oder die chemische Zusammensetzung der Streichholzkuppe? Kannst Du Dir vorstellen, wie aus der unendlichen Tiefe Zillionen Boote auftauchen und wieder versinken im Augenblick? – Tröste Dich, ich auch nicht. Keiner kann es. „*Niemand begreift es.*" *(QED S.20 von R. Feynman)* Genau, der mit dem Bohnenzählen. Einsteins Lichterbsen. Übersetzungsfehler? Egal! Hauptsache Hülsenfrüchte! Prinzip erkannt. Auch das **PRINZIP DER SCHNELLSTEN ANKUNFT von Pieter SNELLIUS** hat Feynman schnell erkannt - alle seine undurchsichtigen Shell-games, Mogeltricks, Hütchenspiele (wie er seine Pfeilchenmasche selbstironisch nennt) laufen letztendlich genau auf dieses Prinzip hinaus, sind ohne seinen ungeheuren quantenelektrodynamischen Rechenaufwand (der übrigens trotz Computerunterstützung inzwischen wohl schon an seine natürlichen Grenzen gestoßen ist), *d a m i t* weit effizienter zu erklären. Und trotz alledem branzt er entsetzlich mit seiner Rechenmethode, hält sie allen Ernstes für „*das Juwel der Physik*", weil sie das von *Dirac* mit Hilfe seiner relativistischen (!) Elektronentheorie zu 1,00118 berechnete magnetische Moment des Elektrons (quasi dessen „Antwort" auf ein äußeres Magnetfeld) zu exakt 1,00115965246 berechnen kann, was dem „experimentellen" Wert von genau 1,00115965221 doch wohl bedeutend näher kommt, oder?! Na, also! Das ist so, als würde man „*die Entfernung Los Angeles – New York auf Haaresbreite genau messen*" Vielleicht wurden „Berechnung" und „Messung" aber auch nur mit zwei Computern derselben Baureihe vorgenommen??? ... (Näheres auf den Seiten 16, 17 und 133 – 137 des Feynman-Bestsellers »QED – die seltsame Theorie des Lichts und der Materie«)

Dieser FEYNMAN hat mich am stärksten aufgehalten. Seinetwegen zweifelte ich zeitweise sogar an der Legitimität meiner Fundamentalkritik, mit der ich QED und QCD (Quantenchromodynamik; Gluonenlehre, putzige Farbenrechnerei ohne jeden Realitätsbezug, spekulative Fortführung der praktisch erfolgreichen, wenn auch theoretisch unbefriedigenden Quantenelektrodynamik) gleichermaßen verwerfen wollte, weil sie sich nicht vom Relativismus distanzierten. Was suchten die Feynman–Diagramme in der „Raumzeit" – ich war entsetzt. Und ratlos. Immerhin hat er wohl als einer der ersten die Quantenmechanik in ihrer ganzen Tragweite verstanden und konsequent weiterentwickelt:"*... (Übrigens entstand um diese Zeit herum auch die Ihnen allen als große Revolution in der Physik bekannte Relativitätstheorie. Gegenüber der Entdeckung, daß die Newtonschen Gesetze der Bewegung bei den Atomen nicht greifen, bedeutete die Relativitätstheorie nur eine untergeordnete Modifikation.)...*" (ebenda, S.15)

Genau! Mit einer eingeklammerten Randbemerkung abgetan, als eigentlich nicht der Rede wert erkannt! Und das wahrscheinlich sogar schon lange vor mir, der ich mich s o etwas nie getraut hätte, der die RT seinen Schülern man grade so eben als „noch unbewiesene, umstrittene Theorie" zu offerieren wagte. Nun gut. In „QED" fand ich jedenfalls einige der wenigen Perlen im M...haufen meines mühsamen „einschlägigen" Literaturstudiums, das mir die arroganten „Oxforder professores" vorgeschrieben hatten Anfang `90. Fast alle anderen Skribenten erstarben in scholastischer Verzückung vor ihrem angebeteten Idol. (Der sich das bestimmt entschieden verbeten hätte!) RICHARD P. FEYNMAN (1918 – 1988) hat in o. g. QED (andere Quellen lagen mir von ihm leider nicht vor) einige herzerfrischend ehrliche Bemerkungen gemacht, die ich jenen nicht ersparen will. Und Dir nicht vorenthalten darf, mein lieber Leser.

FEYNMANS PFEILCHEN

Nun, da die Garchinger Experimente zur Nichtlokalität (Zwillingsphotonen, die sich anläßlich einer KOPPLUNG konspirativ austauschen konnten, bleiben in rätselhafter, unmittelbarer(!) Verbindung, wohin ihr Weg sie auch führt...) - sogar eine telepathische, quasi gleichzeitige Fernwirkung suggerieren, wo Günther NIMTZ' Mozart-Tunnelung, eine Informationsübertragung immerhin, mit mehrfacher Lichtgeschwindigkeit geglückt ist, sind Motiv (Fernwirkungsfurcht) und Substanz (c=konstant) der Relativitätstheorie gleichermaßen entschwunden, ist sie mit all ihren absurden Konsequenzen wie relativistische Massenzunahme, Zeitdehnung, Raumkrümmung... als haltlose Theorie enttarnt, die paradoxerweise dem mathematischen Rechtfertigungsbestreben eines erklärten Nicht-Mathematikers entsprang. (Seht her, man kann „es" sogar in Formeln sagen, also müßt selbst ihr es jetzt anerkennen.) Warum „die" es nach anfänglichem Zögern begierig aufgriffen und bis auf den heutigen Tag nicht wieder losließen, steht schon im Rücktitel.

Als Feynman Einsteins RT solcherart herunterspielte (wohlgemerkt, nur seine RT; dessen induzierte Emission als Grundlage der LASER – Technik würdigt er ausdrücklich als *„Startschuß für die Quantentheorie"*!), war Einstein wohl noch eine unangefochtene Autorität. (Daß es einen **HERBERT DINGLE** gab, der schon 1922 *„RELATIVITY FOR ALL!"* forderte und darob noch 1997 von dem unsäglichen *Paul Davies* übel geschmäht wurde, erfuhr ich erst 1999.)

Es wird mir wohl ewig ein Geheimnis bleiben, wieso auch dieser Richard Feynman, der seinen Fachkollegen seinerzeit wohl ebenso weit voraus war, wie nun Ed Witten den seinen, relativistische Zugeständnisse machen mußte: Immerhin beschreiben die Feynman–Diagramme Kopplungen in der *Raumzeit,* spricht er selbst verschiedentlich von *„Elektronen, die in der Zeit rückwärts laufen, Photonen wieder abgeben, bevor sie sie überhaupt aufgenommen haben"* und operiert mit Termen, die *„laut Einsteinscher Relativitätstheorie so oder so voneinander abhängen".* Faszinierend die Unabhängigkeit, mit der er allen Photonen und Elektronen selbstverständlich auch die *„Wahrscheinlichkeitsamplitude zubilligt, sich mit Überlichtgeschwindigkeit zu bewegen"* (lange *vor* Nimtz!), seine Definition des Antiteilchens einfach als *„Amplitude jedes Teilchens, sich in der Zeit zurückzubewegen",* die Selbstsicherheit, mit der er seinen Studenten empfiehlt, *„alles zu vergessen, einfach nur Pfeile [komplexe Zahlen] zu addieren, dann kann Ihnen die ganze Unschärferelation gestohlen bleiben"* oder ihnen beiläufig mitteilt, daß seine *„Kopplungsamplitude, die Wahrscheinlichkeit eines Teilchens, ein Photon zu emittieren oder zu absorbieren, gelegentlich auch noch als » LADUNG « bezeichnet wird".*

Den scharfen Denker Newton lobt er wegen dessen (ihm genehmer) Korpuskulartheorie, läßt „*die Wellentheorie in sich zusammenbrechen*", weil deren zahlreiche und kompetente Verfechter angeblich allen Ernstes von dem diskontinuierlich funktionierenden Photonenmultiplier kontinuierlich schwächer (und nicht etwa nur seltener) werdende „Klicks" erwartet haben.
<u>Ein</u> H$_2$O – Molekül bildet weder Brecher, noch Dünung.
Ist deswegen gleich die Wellentheorie des Wassers gestorben?
Er belustigt sich über den Welle – Teilchen – Dualismus des Lichts, (welches meines Erachtens noch ein weit mannigfaltigeres Wesen hat) und spricht demselben sodann jegliche Vielschichtigkeit ab, reduziert es auf seine Bohnennatur, um endlich mit seinem „*Bohnenzählen*", „*Pfeilchendrehen*" beginnen zu können. 70 auf einen Streich! Genial!! Amerikanisch!!! S. 101:
VORGANG 1 : Ein Photon bewegt sich von Ort zu Ort.
VORGANG 2 : Ein Elektron wandert von Ort zu Ort.
VORGANG 3: Ein Elektron emittiert oder absorbiert ein Photon.
Das ist alles. Das erklärt alles, „*regiert die ganze Welt*" (Atom<u>kerne</u> und Gravitation stets ausgenommen, Polarisation einfachheitshalber weggelassen). „*Jeder dieser Vorgänge hat eine Amplitude - einen Pfeil -, die sich mit Hilfe bestimmter Regeln berechnen läßt.*" Und denn wird losgerechnet, mit Milliarden und Abertrillionen Pfeilchen jongliert, bis selbst die Supercomputer passen müssen. Doch plötzlich begreifen wir nicht nur, wie die Newton noch unverständliche partielle Reflexion an Grenzschichten *in Wirklichkeit* funktioniert, sondern auch gleich noch das Prinzip der Sammellinse, (das uns dank SNELLIUS eigentlich vorher schon viel klarer war...): „*Wir lassen die resultierenden Pfeile für alle Wege in dieselbe Richtung zeigen, indem wir dort, wo die Wege kürzer sind, extra dickes Glas nehmen. Derselbe Effekt träte auf, wenn die Photonen Glas langsamer durchquerten als Luft: Die Resultierende würde stärker gedreht... In Wirklichkeit aber besteht die* »**Verlangsamung**« *des Lichts in einer zusätzlichen Drehung der Resultierenden, die von den das Licht streuenden Atomen im Glas veranlaßt wird. Das Ausmaß dieser zusätzlichen Drehung wird als* »**Brechungsindex**« *bezeichnet.*" *(S. 127)*

Ausbreitung, Reflexion, Brechung – alles ist also nur Streuung der Photonen an den Elektronen, Drehung der resultierenden Pfeile – bei Absorption sogar soweit, daß die Spitze des letzten wieder zum Anfang des ersten zurückführt, die Wahrscheinlichkeitsamplitude 0 wird...
Lieber Leser, der Du mir bis hierher getreulich folgtest, hast Dir damit wahrlich eine kleine Zerstreuung verdient. Also: Im Vakuum ist „nix los". Da düst das Licht einfach so durch. Keine Wechselwirkungspartner, also auch keine „Äktschen", kein Aufhalten, keine Ablenkung. In Wasser und Glas aber, ja, wieviel mehr noch im glänzenden Kristallpalast oder Diamantsplitter, ist Mega–interaction angesagt, da gibt es soviel Zer*streuung* für kontaktfreudige Photonen, daß sie an jeder Rummelbude erstmal andocken, auf jedem Karussell erst mal ein paar Runden drehen, wenn das den

richtigen *Spin* hat. Das letzte an der Grenze schleudert Dich raus, Du drüselst angeregt weiter – wohin? Woher? Zeit verloren, Geld verloren, Orientierung verloren. W a h r s c h e i n l i c h ganz schön weit vom geraden Weg abgekommen. (Anzahl und Attraktivität der Buden spielt sicher eine Rolle. Soll auch Etablissements geben, in denen man völlig versacken kann...) Anders ein Trupp disziplinierter, uniformierter, monochromatischer Rekruten: Ran bis zur Würstchenbude, Wurst fassen, ein Bier, ein Schluck, rein ins Kettenkarussell, zehn Runden full speed, ran an Ausgang B, geschlossener Abmarsch Punkt elf Richtung Objekt. (Das LASER – Licht hat noch schärfere Order.)

In die inzwischen sicher schon vergilbten Physikhefte meiner ehemaligen Schüler ist ein immer wieder sorgfältig vorbereitetes Tafelbild hundertfach übertragen worden: Draufsicht, Ostseeküstenlinie. Darunter, im gelben Sand, ein rotes Kreidekreuz: Der Rettungsschwimmerwachturm. Schräg hinten (oben), aus blauen Ostseewellen, eine Sprechblase «HILFE!» Dadrüber, als fette Überschrift: **DAS PRINZIP DER SCHNELLSTEN ANKUNFT (PIETER SNELLIUS)** - Mit all meinen Klassen hab ich nun immer wieder gemeinsam beraten, was der Rettungsschwimmer blitzschnell entscheiden muß: **Wie gelange ich auf schnellstem Wege zu dem Ertrinkenden?** Der kürzeste Weg ist nicht immer der schnellste... Wir haben so getan, als ob das Photon ein vernunftbegabtes Wesen ist und gelangten so ganz zwanglos zum Brechungsgesetz und so weiter. Ich war mächtig stolz auf „mein" Lehrbeispiel, hab es bei Lehrerweiterbildungen stets zum Besten gegeben und niemals den Namen Pieter SNELLIUS unterschlagen. - - - Und nun finde ich sie 30 Jahre später wieder, meine schöne Tafelskizze. Auf S. 64 im QED. *Ohne* Hinweis auf Snellius. Ich bin enttäuscht, Richard!

Doch entzückt auch, zugegeben. Wie Du es denen aber auch gegeben hast, den Stringspinnern und Quarkpuzzlern! So frech wäre ich nie geworden ohne Deine kompetente Schützenhilfe. Jeder Kommentar wäre Verwässerung. Ich schweige und zitiere: *„Die Koppelkonstante e (Ladung) ist im Grunde eine einfache, experimentell bestimmte Zahl: - 0,08542455 (Kehrwert ihres Quadrats: 137,03597). Sie werden sicher wissen wollen, woher diese Zahl für eine Kopplung stammt: Hat sie mit pi zu tun oder vielleicht mit der Basis natürlicher Logarithmen? Niemand weiß es. Sie ist eins der größten Geheimnisse der Physik, eine magische Zahl, die das menschliche Erkenntnisvermögen übersteigt, als wäre sie von der «Hand Gottes» geschrieben, und «wir wissen nicht, wie ER den Bleistift führte». Zwar wissen wir, was wir alles anstellen müssen, um diese Zahl durch Experimente sehr genau zu bestimmen, aber wir haben keine Ahnung, wie wir den Computer dazu bringen können, sie auszuspucken – ohne daß wir sie ihm vorher insgeheim eingefüttert haben!"* ... *„Arthur Eddington z. B. bewies, allein auf die Logik gestützt, daß die Lieblingszahl der Physiker genau 136 sein mußte, was dem damaligen Stand der Experimente entsprach. Als e dann durch genauere Experimente näher auf 137 zu*

93

rückte, entdeckte er einen kleinen Irrtum in seinen früheren Berechnungen und gelangte, wieder allein auf die Logik gestützt, zu der Erkenntnis, daß es nur die ganze Zahl 137 sein konnte! Und auch heute entdeckt immer einmal wieder jemand eine Verbindung der mysteriösen Kopplungskonstanten zu einer bestimmten Kombination aus pi`s und e`s , nur würden die Liebhaber arithmetischer Spielereien staunen, wie viele Zahlen sich aus pi`s und e`s und sofort ableiten lassen, wollten sie diesem Punkt einmal ihre geschätzte Aufmerksamkeit schenken. In der Geschichte der modernen Physik türmen sich Abhandlungen über e, die durch die fortschreitende experimentelle Präzisierung... hinfällig wurden."

..... Ausführungen über Kernbeschuß .....

„Ab einem bestimmten Energiegrad jedoch tauchten neue Elementarteilchen auf. Erst Pionen, dann Lambdas und Sigmas und Rhos, und schließlich reichte das Alphabet nicht mehr aus. Dann kamen Elementarteilchen mit Zahlen (ihren Massen), wie Sigma 1190 und Sigma 1386. Und schon bald mußte man erkennen, daß der Zahl der Teilchen in der Welt keine Grenze gezogen ist, daß sie von der zum Aufbrechen des Atomkerns verwendeten Energie abhängt. Gegenwärtig (1984) kennen wir über 400 solcher Partikel, was den Physikern ... unannehmbar erscheint!" (Wieviel heute?) *„...Was aber hält diese Quarks zusammen? Photonen, die von einem zum anderen wandern? ... Nein, Photonen sind es nicht, denn diese elektrischen* **K R Ä F T E** *(Pfui, Richard, Du sollst doch nicht immer so schlechten Wörter sagen! Du schreibst gleich VORGANG 1 – 3 hundertmal ab!) wären dafür viel zu schwach. Deshalb hat man für die Quarks andere hin- und herfliegende Spielbälle erfunden und Gluonen getauft."* (S. 153)

Scheiße! Hätt ich das doch früher gelesen! Ich schwör Dir, lieber Leser, das mit den Bällen und Booten ist mir schon während des Studiums beim Ziolkowski`schen Raketenprinzip eingefallen!

„Die Quarks weisen eine zusätzliche Art der Polarisation auf, die in keinem Zusammenhang mit der Geometrie steht. Leider ist den idiotischen Physikern, die offensichtlich nicht mehr imstande sind, eins der wundervollen griechischen Wörter aufzutun, nichts Besseres dafür eingefallen als die unselige Bezeichnung »Farbe«." (S. 155)

"*Aus dieser Klemme könnte uns nur eine neue Rechenmethode heraushelfen. Im Moment sehen wir uns buchstäblich in dem Wust von lauter kleinen Pfeilen untergehen."* (S. 157) - *„Stephen Weinberg und Abdus Salam haben versucht, die Elektrodynamik mit den sogenannten schwachen Wechselwirkungen zu einer einzigen Quantentheorie zusammenzufassen, was ihnen bis zu einem gewissen Grad gelungen ist. Nur daß man ihren Resultaten gewissermaßen den Kitt ansieht."* (ebenda, S. 161) - Ogottogottogott! Die haben doch dafür den Nobelpreis gekriegt, Richard! - - - Dann, nach einem mit ätzenden Kommentaren gewürzten Exkurs durch den Teilchenzoo, das Resümee: *„Damit hätten wir auch den*

Rest der Quantenphysik abgehakt. Welch ein schreckliches Durcheinander, werden Sie sagen, welch trostloser Verhau, in den sich die Physiker da hineinmanövriert haben." (S. 168)
"Ein solch gewaltiges Bild, das alles in einem superschlauen Modell vereinigt, schwebt vielen Physikern vor. Nur können sich die Liebhaber solcher Spekulationen gegenwärtig nicht über Art und Charakter dieses großartigen Bildes einigen. Es ist kaum übertrieben, wenn ich behaupte, daß ihre tiefschürfenden Überlegungen nicht viel mehr Sinn machen als ihre Vermutungen über ein t-Quark, und ich garantiere Ihnen, daß sie die Masse eines solchen t-Quarks nicht besser zu schätzen vermögen als Sie!" - Sie, großgeschrieben! Feynmans Leser also, Leute wie Du und ich, mein lieber Leser! Hätt ich doch sein "Q E D" 10 Jahre früher gelesen! Wieviel Selbstzweifel wären mir erspart geblieben!

Hurra, ich kann ein t-Quark schätzen! Das habe ich schriftlich von RICHARD FEYNMAN, den viele Insider für den genialsten Physiker der Neuzeit halten!

"Was aber geschähe, wenn es . . . bei der Kopplung an ein noch unentdecktes Teilchen in ein Neutrino zerfallen könnte? Die Protonen mithin unbeständig wären? . . . Den Berechnungen zufolge dürfte es dann im Universum freilich keine Protonen mehr geben! Doch das geniert die Theoretiker wenig! Da wird mit Zahlen jongliert und die Masse des neuen Teilchens erhöht, bis man die Zerfallsrate des Protons mit Ach und Krach unter den Punkt gedrückt hat, an dem sie nachgewiesenermaßen nicht eintritt. (Und also nicht mehr nachgewiesen werden kann, gottseidank... oder braucht... die Beweislast trägt der Antragsgegner...)
Erbringen neuere Experimente genauere Daten über das Proton, passen sich die Theorien flugs an. Als jüngste Versuche bewiesen, daß die Zerfallsrate des Protons mindestens fünfmal geringer sein muß als vom letzten Stand der Theorien vorhergesagt, erhob sich der Phönix sogleich mit einer modifizierten Theorie aus der Asche... Wer weiß schon, ob das Proton zerfällt oder nicht. Zu beweisen aber, daß es nicht zerfällt, ist eine äußerst schwierige Sache...,, - Auf derselben Seite 170 steht dann aber auch solches: *"Als Einstein und andere die Gravitation mit der Elektrodynamik zu vereinigen versuchten, existierten beide Theorien nur in ihrer klassischen Näherungsform. Mit anderen Worten, sie waren falsch, <u>arbeiteten sie doch noch nicht mit den heute als notwendig erkannten AMPLITUDEN</u>."*
Ihren alleinselig und allwissendmachenden Amplituden, Mister Feynman.

BEWEISLAST

Ein Extrakapitel über die *QCD* (*Q*UANTEN*C*HROMO*D*YNAMIK) kann ich mir also schenken, die hat R. FEYNMAN ganz fein für mich erledigt mit all ihren Higgs-, Z°- und Wµ-Bosonen, £ç–ÑyØnen, ´æ`-µå¿ñètõnen und titata–Tysonen, Tumor- und Flavor- Quantenzahlen, mang denen ich mich sowieso ständig verheddere und wobei ich sicherlich 137,0359 % meiner Leser eingebüßt hätte...

Weshalb ich mich denn überhaupt so weit in den Teilchendschungel gepirscht habe? Du enttäuscht mich, lieber Leser! Ich war Dir doch noch den Beweis schuldig, daß der µ - Mesonen – Stützbalken der Relativitätstheorie über alle Maßen morsch und wormhole *(wurmloch)* – zerfressen ist.

D a z u brauchte ich den „Insider" Feynman, der all die putzigen Partikelsammler noch aus der Schule kennt samt all ihren Tricks... Mir hätte kein Mensch geglaubt, mich hätte das ganze Oxforder Professorenkollegium überhaupt nicht zur Kenntnis nehmen müssen. Richard aber, den Schöpfer der QED, können sie nicht einfach so abtun. **Der hat für mich** deren Glaubwürdigkeit hinreichend beschädigt, so daß ich nun endlich, gewissermaßen in seinem Windschatten, meine naive 1966 – er Thesen nachreichen kann. Voila! Hier sind sie! Zwar schon ein wenig vergilbt und zerknittert, aber hoffentlich noch nicht von dem angeblich so rasanten Erkenntnisfortschritt überholt. Durch die ewigen Überschreibungen, Einschübe und Randverweise wohl wirklich nur noch schwer rekonstruierbar und in der ursprünglichen Intention nachvollziehbar. Mal sehen:

In Wilsonschen Nebelkammern oder ähnlichen Apparaten hat man angeblich (!!!Unbedingt Genaueres darüber in Erfahrung bringen!!!) neue Teilchen entdeckt, die nur in 30 km Höhe entstehen können, weil da die kosmische Höhenstrahlung noch völlig ungebremst und intensiv genug ist, um diese Teilchen irgendwo loszuschlagen. (aus Atomen, die nur in 30 km Höhe vorhanden sind? Auch rauskriegen!) *(Nie rausgekriegt, der Schulalltag hatte mich restlos absorbiert. Kommentare aus heutiger Sicht weiterhin kursiv eingeklammert)* **Diese sollen angeblich nach 2 Millionstel Sekunden wieder zerfallen (?) na, gut s=v*t , meinetwegen c*t = 300000km/s · 2/1000 000 s = 6/10 km, nicht mal 1 km kommen sie also innerhalb ihrer Lebensdauer. Und werden doch 30 km tiefer, in Labors auf der Erdoberfläche, nach ge wie sen. (Was sieht man eigentlich? Durch Magnetfelder je nach Ladung und Schwung gekrümmte Minikondensstreifen in Nebelkammern... diese neuen µ-Mesonen, Myonen, Mü-onen schlagen also in der Nebelkammer aus den dortigen Gasatomen etwas raus, was nur sie so rausschlagen können, ihre unverwechselbare Handschrift, eindeutige Spur . . .**

... na, jedenfalls zweifelsfrei und wissenschaftlich wohl unanfechtbar nachgewiesen. Egal. Muß ich erstmal so schlucken. Denn haben sie sie eben nachgewiesen, diese komischen Mü-Mesonen aus der Stratosphäre. Obwohl sie <u>eigentlich</u> längst hätten zerfallen sein müssen ... (Wovon hängt die Zerfallsgeschwindigkeit, nein Lebensdauer *(Streichungen, Überschreibungen;)* überhaupt ab? Ist sie wirklich unabhängig von <u>ir gend was</u>? ? ? Na, egal. Jedenfalls wollen sie nun <u>damit</u> beweisen, daß die Zeit bewegter Objekte langsamer verrinnt, daß <u>*d i e Z e i t*</u> (!) von der Bewegung irgendwelcher Mesonen abhängt. Nur weil Einstein an Maxwells Gleichungen geglaubt hat, ist er ja auf diesen ganzen Unfug mit der Zeitdehnung verfallen. Wenn wir Sommerzeit einführen, geht die Sonne keine Sekunde anders auf oder unter. Nur um die Maxwellgleichungen in ihrer <u>erhabenen</u> <u>mathematischen</u> <u>Schönheit</u> nicht antasten zu müssen, hat er sich an der Zeit, dem Inbegriff des Unabhängigen überhaupt, vergriffen!

(Und jetzt steht hier fast der ganze Prometheus von Goethe!
Den laß ich jetzt aber stehn! Wer A sagt, muß auch B sagen.)
» Hat mich nicht zum Manne geschmiedet   die allmächtige Z E I T, das ewige Schicksal, <u>meine</u> Herren <u>und</u> <u>Deine</u> ?! ....
(Chronos steht über Zeus, das hab ich schon mit 25 begriffen.
Und über'm Papst schon lange, Mister Hawking! Sich von d e m 'ne Medaille überhängen lassen! <u>Ihr erklärtes Idol Galilei</u> war dessen Opfer!
Aber lassen wir das! Da hab ich mich ja schon im Kapitel „GIORDANO BRUNO" drüber aufgeregt, nützt ja doch nix ... jetzt hab ich mich wieder mal in ellenlangen Philosophien über Zeit im Allgemeinen und Speziellen verzettelt. Das steht aber weiter vorn schon mal, glaub ich. Mein Thema ...
Philosoph hätt ich werden müssen und nicht Pauker . . .   zu spät . . .
wenigstens dies noch durchziehen. Also: Mißbrauch der Mesonen zur Abstützung der speziellen Relativitätstheorie. Damit weiter. . . . . . . Ja, hier, endlich!) ..... haben sie also aus dem wissenschaftlich exakten Nachweis von angeblich (!!!) <u>nur in der Stratosphäre entstehenden Elementarteilchen</u>, die unten nicht mehr ankommen dürften und doch zweifelsfrei(?) ankamen, den katastrophalen Schluß gezogen, daß die SRT richtig ist, <u>experimentell bewiesen</u>, basta! ... Und wenn diese ko(s)mische Höhenstrahlung doch tiefer dringt und in 0,6 km Höhe doch noch paar Myonen rausschlägt?!? Die dürften dann wohl amtlich zugelassen sein zum Eintritt in eure Nebelkammern, he? Vielleicht habt ihr lauter solche gemessen, ihr Schafsköpfe! <u>Ihr müßt nur solche später entstandenen gemessen haben oder im Geschwindigkeitsrausch langlebigere</u>, denn *das andere* wäre grausam: nur um so eine unsinnige Annahme wie die Constanz der Lichtgeschw. aufrechterhalten zu können, die Zeit opfern. Ein Königsopfer in einer Schachpartie!!!!!!!

C = const. Wo ist denn euer Totalvakuum? Schon mal was von interstellarer Materie gehört, he? Stratosphäre zu Ende, Ultrahochvakuum fängt an, schlagartig. Wieso sagt ihr denn nicht glatt $3 \cdot 10^{10}$ cm/s ??? Irgendwo da draußen zwischen besonders weit entfernten und dünn gesäten Galaxien stimmt die dann bestimmt. Und rechnet sich prima, viel besser als eure krumme 299 999, 81 km/s. <u>Die Drei ist's, jawoll!</u> Daß ihr darauf nicht von alleine gekommen seid! Wohl noch nix von Dreieinigkeit und Dreifaltigkeit gehört, was?!?
Außerdem kann sie sowieso nicht konstant sein, weil sie ein VEKTOR ist, eine durch Betrag <u>und</u> <u>Richtung</u> gekennzeichnete Größe. NEWTONS Gravitation verbiegt ihn aber, euren Lichtstrahl, wenn er dicht an einem schweren Stern vorbeikommt. Ein Eigentor, Herr Eddington! Eine <u>Widerlegung</u> der Relativitätstheorie! Und <u>dafür</u> soll auch noch die ZEIT dran glauben! Ach du liebe Zeit! Verstümmeln wollen sie dich! Entstellen, verzerren, auf ihrer optischen Folterbank strecken ... Di la ta ti on! Ei, wie vornehm und gelehrt das klingt!...
(und so weiter. „Beweise", warum DIE ZEIT überhaupt gar nicht angetastet werden darf. Und kann. Daß sie unberührbar ist durch uns Menschlein und so fort.....) .... „Aber differenzieren tut ihr dann wieder nach ihr, nach <u>der</u> <u>Zeit,</u> der einen Zeit! Dies und das <u>nach dt</u> . Plötzlich ist sie dann wieder eure unverzichtbare UNABHÄNGIGE VARIABLE ... wie's euch grade paßt... . . . .) Die Zeit ist die Zeit, egal wie sie heißt, ob wremja oder time ... oder überhaupt keinen Namen oder Formel hat. Und sie war und wird sein ewiglich und unabhängig und unabänderlich von uns erbärmlichen Erdenwürmern, da kann sich Einstein auf den Kopf stellen und wieder auf die Beine. Und da können Myriarden Myonen oder Dryonen oder Schwadronen in irgendeiner Nebelkammer auftauchen und rumschwadronnieren daß die Funken man so stieben: ES IST KEIN BEWEIS. Es ist vergeblich. Aber leider nicht umsonst. Was die ganzen Zyklotrone kosten sollen! ...

Tja, und das glaub ich immer noch. Bin ich vielleicht verstockt? Ein Betonkopf, unbelehrbarer? Ein Gläubiger gar? Ich glaube nämlich unbeirrbar, daß sie in ihren Apparaten alle benötigten Teilchen rechtzeitig auftauchen lassen können, um damit jede x-beliebige Theorie zu beweisen.
Ich glaube ferner fest daran, daß μ-onen irgendwann auch in 0,5 km Höhe in beliebiger Anzahl erzeugt und nachgewiesen werden mit zwölf Stellen hinterm Komma, wenn es denn zur Abstützung einer neuen Quantentheorie nötig wird. Und ich glaube zum Dritten, daß die Relativitätstheorie ein gigantischer, ungeheuer beeindruckender Unsinn ist und alle „Beweise" Selbsttäuschungen. Auch wenn ich die Verknüpfung des metrischen Tensors mit dem Energie–Impuls–Tensor und dergleichen mathematisch nachvollziehen *könnte,* wüßte ich sicher, daß sie falsch sein <u>muß</u> , weil sie

DEN RAUM nicht begreift als etwas über oder hinter irgendwelchen Geometrien.
Schade, Albert. Du warst schon so dicht dran! Im Grunde steht das alles schon ganz klar bei Deinem Lehrer ERNST MACH, wenn man dessen idealistische Spekulationen mal übersieht. Mach´s ferne Massen deformieren nicht etwa den Raum, sondern konstituieren einfach ein resultierendes Gravitationsfeld. <u>In der von Deinen Feldgleichungen wohl schon recht treffend beschriebenen Weise</u>, heißt es. <u>D a</u> kann ich nicht mitreden...
  Die Struktur dieses Feldes wird verzogen und verwickelt, wenn mehr Massen (als Gravitationsquellen) berücksichtigt werden müssen – Faradays Eisenfeilspäne ordnen sich ja auch nicht mehr nach einfachen geometrischen Mustern, wenn mehr Magnete im dynamischen Spiel sind. - Wenn eine Magnetfeldformtheorie (MFFT) "die man aus irgendwelchen Gründen vorzieht..."(!) exakte Kegelschnitte als Feldlinien fordert, nimmt man ja auch nicht statt des Papiers als Träger der Eisenfeilspäne eine Gummimembran, die man dann anschließend, fernab der Magnete, solange verzerrt, bis die Späne tatsächlich (!?) wieder in exakter Parabel-, Hyperbel- oder Ellipsenformation zu liegen kommen, die **Relativistische** MFFT (RMFFT) damit ein weiteres Mal glänzend experimentell bestätigend . . .
  Relativistische Feldgleichungen, freilich. Selbstverständlich ist alles relativ, das hat doch keiner abgestritten. Nur Du selbst und nach Dir Deine Jünger haben den Photonen dieses Grundrecht aberkannt und sich genau deshalb in immer schlimmere Irrtümer verrennen *müssen*. *„Ein Irrtum schon am Anfang – verhängnisvollster Fehler!"* (*Giordano Bruno*)
  Auch bei der Interpretation von Newtons Eimerversuch ist dessen absoluter Raum einfach nur gegen Machs Massenverbund auszutauschen und fertig. Wenn man mit einer vollen Kaffetasse in der Hand schnell losläuft, ein Whyskiglas zu heftig über den western-saloon-tresen anschiebt, geht was über Bord, weil es dem raschen Wechsel infolge seines Beharrungs-vermögens nicht unverzüglich nachkommen kann, sich nicht sofort aus dem Gravitationskraftgeflecht losreißen kann. Genauso beim zu schnell rotierenden Wassereimer. Schuld ist jedenfalls die Beschleunigung, die <u>Änderung</u> des Geschwindigkeitsvektors, der bekanntlich durch Betrag <u>und Richtung</u> gekennzeichnet ist. Insofern gibt es keine gleichförmige kräftefreie Kreisbewegung. Die tangential vor und hinter dem kreisenden Wasser-molekül angreifenden Kräfte würden sich zwar wie bei einer gleichförmigen Translation ausgleichen, aber hinzu kommt ein ständiges Sichlos-reißenmüssen aus Machs Massenverbund <u>in radialer Richtung</u> mit ständiger Umorientierung. Das macht den Unterschied. Auch Radial-beschleunigung ist Beschleunigung.
  Der Eimerversuch bleibt allerdings ein unlösbares Rätsel, wenn man MACH nicht ernst nimmt, wenn man Trägheit immer noch im Parmenidi-schen Sinne als axiomatische Eigenschaft der Masse an sich versteht, keiner

Zurückführung fähig, keiner Erklärung bedürftig. *Seiendes ist.* Und damit basta. Noch ein Problem?
Ach so, die unheimliche Fernwirkung. Die erscheint mir auch recht wundervoll und unergründlich. Die wird wohl noch ein Weilchen ihr geheimnisvolles Wesen bewahren, sich nicht auf die Schliche kommen lassen trotz äußerlicher Beschreibung. Das ungeduldige Streben nach sofortiger quantitativer Erfassung, mathematischer Beherrschung ist das eigentliche Problem. Es fehlt an Bereitschaft, vorher die Sache tiefgründig zu bedenken. Man will immer gleich losrechnen, alle nötigen Formeln hat man ja... Ich plaudere aus der Schule... Auch wenn man alle nötigen Inertialsystemtransformationsformeln perfekt beherrscht, sollte man sich vorher klarmachen, daß es überhaupt gar kein Inertialsystem wirklich gibt, daß alle nur Idealvorstellungen sind.

Auch Einsteins Fahrstuhl fällt in einem inhomogenen Gravitationsfeld, die Schwere ist am Boden stärker als an der Decke und nur an seinem (idealen!) Massenmittelpunkt herrscht Kräftefreiheit, was zu einer Polarisierung freibeweglicher Massen führen und also eine Unterscheidung erlauben würde. Auch Trägheit gibt es ja nicht wirklich, die ist schon von Mach auf Gravitation reduziert worden. Da auch Ruhe schon als Utopie enttarnt wurde, hindert uns eigentlich nichts, die sogenannte Ruhmasse als „Eigenträgheit" von Probemassen in Machs „Verbund ferner Massen" aufzufassen und den variablen Anteil, die sogenannte „relativistische Massenzunahme" auf ihre Relativbewegung im Massenverbund zurückzuführen, „Relativträgheit" zu nennen. **Eigenträgheit + Relativträgheit = Gesamtmasse.**

Nun ist tatsächlich alles relativ wie es sich gehört.
Relative Ruhe und Bewegung und Beschleunigung - immer nur gegenüber dem gravitativen allumfassenden Massenverbund. Der absolute Raum mit irgendwelchen absoluten Geschwindigkeiten wird als überflüssig erkannt und folglich amputiert - mit oder ohne Äthernarkose, äh, -hypnose, nein, -hypothese. Er mag sich krümmen, wie er will.

Die „relativistische Massenzunahme" kann weder ihn, noch sich selbst retten - sie ist durchschaut. Sie ist die alte Schwungmasse, die ganz normale Bewegungsenergie, die bekanntlich auch schon vorrelativistischen Partikelstrahlen Richtungsstabilität verlieh, ihr Beharrungsvermögen erhöhte.

Das Gewicht entpuppt sich als abstandsabhängige Wechselwirkungskraft einer Probemasse im inhomogenen Schwerefeld einer überwältigenden nahen Masse.

Bei Berechnungen reicht vielleicht schon die Ersetzung der Punktmasse durch die Schwarzschildkugel. Statt der 0,88′′ Krümmung der (idealen) Keplerhyperbel errechnete man so den 1919 mit 1,76′′ gemessenen gravitativen Lichtablenkungswert im inhomogenen Schwerefeld der (realen) Sonne, die eben *keine* Punktmasse ist.

Rechnet man die Abstände gravitierender Massen zwischen ihren Schwarzschild - Radien, statt zwischen ihren Massenmittelpunkten, werden aus Kepler - Ellipsen Rosettenbahnen und die Merkur - Perihel - Drehung ergibt sich richtig zu 43'' pro Jahrhundert. Vielleicht werden so überhaupt aus den Newtonschen die Einsteinschen Gleichungen der Himmelsmechanik? Vielleicht waren „Lichtgeschwindigkeitsverabsolutierung" und „Raumzeitrelativierung" nur das „Abrakadabra" und „Hokuspokus", mit dem man Zauberkunststückchen zu kaschieren pflegt? - - - Wirklich schade, daß ich das alles nicht nachrechnen kann! Ich weiß nur, daß die komplizierten relativistischen Formeln nicht etwa eine verwickelte Raumzeit, sondern das ebenso kompliziert verwickelte resultierende Gravitationsfeld aller kosmischen Massen beschreiben. Recht genau, sagt man. - - -

Ob man zur Besänftigung seiner Fernwirkungsfurcht weiter nach gravitationskraftübertragenden Mittlerteilchen fahndet oder philosophisch bescheiden auf sie verzichtet, bleibt unerheblich. Erklären würden die soviel oder so wenig, wie die Austauschteilchen der übrigen Kräfte, denn Nähe ist doch nur geringe Ferne, so wie "Kälte" geringe "Wärme", minder schnelle Teilchen bedeutet. Die quantenelektrodynamisch über Photonenaustausch wechselwirkenden Elektronen sind ja in der Mikrowelt auch relativ fern voneinander... Auch die *"über den Raum verschmierten"* de Broglie-Materiewellen halte ich übrigens weder für physikalisch, noch philosophisch saubere Lösungen...

Sollte man keine Gravitonen als Kraftmittlerteilchen finden, nach denen Wechselwirkungs- oder Austauschtheorien so dringend verlangen, tröstet euch einfach mit MAX PLANCK: *„Wem es vergönnt ist, an dem Aufbau der exakten Wissenschaft mitzuarbeiten, der wird sein Genügen und sein innerliches Glück finden in dem Bewußtsein, das Erforschliche erforscht zu haben und das Unerforschliche ruhig zu verehren."*

Sollten sie aber doch von euren eifrigen Detektoren irgendwie aufgespürt werden, weil ihr wieder mal eine spektakuläre Erfolgsmeldung braucht, dürft ihr das nicht aus Versehen veröffentlichen: Ihr hattet doch die Gravitationskraft geleugnet, um die Raumkrümmung postulieren, euer ominöses *„Raumzeitkontinuum"* konstruieren zu können! Der Gravitonennachweis wäre also kein *„weiterer glänzender Beweis"* für die, sondern das Ende der Relativitätstheorie!

Wer aber ohne Gravitationswellengewißheit unglücklich ist, dem sei gesagt, daß - - - - - Nein, das verrate ich jetzt noch nicht! Ich bin mir nämlich selbst noch nicht so ganz sicher ...

UNSCHARFE STRÄNGE

Mit der Stringtheorie muß ich Dich auch nicht lange belästigen, lieber Leser. Die erledigte *Paul Davies* für mich, als er deren Verfechter imaginär interviewte. (SUPERSTRINGS, dtv 1992) Wirklich köstlich, muß ich zugeben! Danke, Mister Davies! Daß ich Ihnen noch mal danken muß . . .
Zum Durcheilen eines mathematischen Punktes braucht das Licht (wie die Schnecke) Null Sekunden. Da $dt \cdot dE$ laut Heisenberg aber $> h$ (Planksches Wirkungsquantum) zu sein hat, muß der Faktor dE unendlich werden . . .
„Bei Stringbeobachtungen im Bereich von 10^{-33} cm (Planck-Länge; String zu Atom, wie Atom zu Galaxie) *werden die Energiefluktuationen des Objekts, das man beobachten will, so riesig, daß sie lauter kleine schwarze Löcher reißen, wir*(?) *also gezwungen sind, uns den leeren Raum als ein unendliches Meer* (bei DIRAC war's nur ein See...) *fluktuierender Schwarzer Löcher vorzustellen.* (und bei Punktmassen erstmal...) *Katastrophale Veränderungen unseres* (Unseres? Eures!) *Raumbegriffs, die Vorstellung eines aus Punkten bestehenden Raumes hat ihren Sinn verloren."* (für *Mike Green* und andere Stringtheoretiker)
Katastrophe! Chaos! Weltuntergang! Das heile, heilige Raumzeitkontinuum kaputt! Die Riemann–Minkowskische Geometrie im Eimer! Nun ist eh schon alles egal. Versuchen wir's halt mal mit der Lie – Algebra oder der Brie – Rechnerie. Kaluza / Klein paßt auch gut rein. Ach nein, deren Chiralität (Händigkeit) fordert ja ungradzahlige Vektorräume, wo doch die Raumzeiten grade Dimensionszahlen verlangen. Schade! Die N8 sagt neben 8 Gravitinos 172 weitere Superpartner der Gravitonen voraus . . . *„496 Eichteilchen von Photonenart übertragen die von 16 Ladungsarten ausgehenden Kräfte"* - *„In der 26-dimensionalen, bosonischen Stringtheorie sind Tachyonen* (überlichtschnelle Teilchen) *unvermeidbar."* - *„Das Vakuum würde in unendlich viele Tachyonen explodieren, wenn es sie denn gäbe."* (Green)
Die ebenfalls von der Theorie geforderten Monopole (spekulative isolierte Magnetpole) wurden von der SUSY (Supersymmetrie) *„auf sehr scharfsinnige Weise weginterpretiert."* (Green) - *„Der String schlängelt sich durch 10 gewöhnliche Dimensionen; die 16 zusätzlichen Dimensionen gehören zu einer internen Teilstruktur, die die weltgravitativen Kräfte beschreiben soll..."* (Green) *– „Alle Teilchen sind verschiedene Schwingungsmoden eines Strings."* (John Schwarz, !!!) *„Anzahl Teilchenfamilien = ½ Eulerzahl (Anzahl der »Löcher« in der »Hypergeometrie«)"* (Schwarz)
„Wir verstehen nicht, was wir rechnen." (Schwarz) Na, gottseidank! Wenigstens ehrlich... Wie sagte doch Nils BOHR ganz richtig: *„Wer von der Quantenmechanik nicht entsetzt ist, hat sie nicht verstanden."*
Was ich an der ganzen Geschichte bewundere, ist die Selbstgewißheit, mit der sie alle trotz offensichtlicher Unsinnigkeit ihrer Resultate weiterrechnen, aus anerkannter Ungewißheit immer neue Gewißheiten schöpfen, auf Fließsand himmelhohe Denkgebäude begründen.

Welch arrogante Anmaßung!
Welch bodenlose Borniertheit!
Welch clevere Chuzpe!
Welch dreiste Demagogie!
   „Et plane insensatissimi capitis est putare ita naturam numerorum habere differentias sicut et nos." (Giordano Bruno) - *„Sie lassen die Dinge durch Nachahmung der Zahlen existieren."* (Aristoteles) - Haben nicht mal Heisenberg verstanden, wenn sie dessen Unbestimmtheitsrelation zur Bestimmung irgendwelcher Terme benutzen, seine Ungleichung als Gleichung behandeln, um damit Teilchenmassen und sonst noch was exakt ausrechnen zu können.

...sssssssumm! Das war wohl schon die erste Hummel dieses Frühjahr, die da eben aus Versehen an mein Fenster geprallt ist. Nix mehr zu sehen. Ganz schön gemein, so ein unsichtbares, knallhartes Hindernis. Aber nicht so gemein wie eine tieffliegende Autoscheibe als todsichere Fliegenklatsche. Die registriert solche Kollosionen nicht nur akustisch, sondern sogar optisch. Bleibende Spuren, exakt analysierbar: Dieser winzige schwarze Punkt muß wohl mal ein Gewitterwürmchen gewesen sein und dieser nasse Fleck mit dem braunen Flügelsplitter wohl ein Maikäfer. Hat ja richtig geknallt. T1 = Ende April, T2 = Anfang Juni – ja, zeitlich kann es auch hinkommen.

   Ich hab eben eigentlich nur den Aufprall gehört. Ein Taubenschiß war's nicht, den tät man ja sehen. Beim Aufschauen spurlos verschwunden, das unbekannte Flugobjekt. Vielleicht hat auch eins meiner Kinder ein Papierkügelchen gegen die Scheibe geschmissen und sich dann schnell versteckt. Theoretisch hätte es auch eine besonders schnell fliegende Mücke oder ein besonders langsam heranschwirrender Kolibri sein können oder sonst noch ein exotisches Teilchen. Impuls ist Masse mal Geschwindigkeit, der Effekt wäre der gleiche. Erfahren werde ich es wohl nie, es bleiben unsichere, unbestimmte Vermutungen trotz aller Kombinationsschärfe.

   Kolibri. Komischer Vogel. Kann rückwärts fliegen oder auf der Stelle schwirren. Wie macht der das nur? Welche anatomischen Besonderheiten befähigen ihn dazu? Ein Zeitlupenfilm gäbe mir Aufschluß über seine Flugdynamik, beim Sezieren ergründe ich die spezielle Anatomie, die ihm das Schwirren ermöglicht hat. Hatte. Denn beides gleichzeitig kann man nicht haben. Ein schwirrender Kolibri läßt sich nicht sezieren und ein sezierter Kolibri schwirrt nicht mehr . . .

   Seit etwa 1930 wird Heisenbergs Unschärferelation nicht mehr nur als Unfähigkeit der plumpen Meßapparatur, sich gleichzeitig auf Impuls und Ort eines Mikroobjekts scharf einstellen zu können, gedeutet. Nun behauptete man sogar, daß es bei Beobachtung des Impulses keinen Ort und bei Messung des Aufenthaltsortes keinen Impuls *g i b t*. Man weist fortan also der Messung, Beobachtung eine völlig neue Dimension zu (im Sinne der Beeinflussung der eigentlich nur zu beobachtenden Wirklichkeit) und der beobachteten Wirklichkeit selbst: **Es ist entweder x oder p existent.** Ort / Impuls bzw. Zeit / Energie sind nun komplementäre Größen, die sich wirklich ausschließen, die nie gleichzeitig vorhanden sein können in der Mikrowelt. Während Einstein weiterhin auf der vom Beobachter unabhängigen Wirklichkeit der Mikroobjekte beharrte, sah Bohr deren Existenz durch die Beobachtung (mit)determiniert, negierte die (rein) objektive Realität: **Existent ist, was beobachtet wird.**

Weil der sezierte Kolibri nicht mehr meßbar schwirrt, gibt es kein Kolibrischwirren. Während er dynamisch schwirrt (und das Schwirren meßtechnisch registriert, meinetwegen gefilmt wird!), hat der Kolibri keine Anatomie (meint Bohr). - - - **Hat er doch!**, auch wenn wir uns nicht gleichzeitig auf beides konzentrieren können, meine ich.

Unser Augenmerk gilt entweder der Pinselstrichtechnik oder dem Gesamteindruck des Gemäldes. Nur die Blickwinkel, die Betrachtungsweisen negieren einander. Unsere Unfähigkeit zur Komplexerfassung von zwei Wirklichkeitskomponenten schließt diese nicht gegenseitig aus. Das ist ein Glaubensbekenntnis. Da bekenne ich mich zu Einstein. Ich verwerfe die Kopenhagener Mißdeutung, weil sie letztendlich Mitschuld trägt an den entsetzlichen Kalamitäten heutiger Stringtheoretiker.

Heisenberg beherzigte eigentlich nur die Konsequenz des Planckschen Wirkungsquantums, der kleinsten Energieportion, deren Vielfache bei den diskontinuierlichen Quantensprüngen aufgenommen oder abgegeben werden können. Auch ein Dreispringer läßt nur drei Absprungimpulse hören, aus deren Intensität und Zeitabstand bei Kenntnis seiner Masse und seiner Anlaufgeschwindigkeit mehr oder weniger wahrscheinliche, sicherlich aber nur unsichere Prognosen auf sein Sprungresultat abgeleitet werden können. Wir makroskopischen Beobachter können mit unseren Monsterseismographen die „Zwischenlandungen" der mikroskopischen Dreispringer immer nur als innerhalb der Meßgenauigkeit gleiche Impulse, Mikroerdbeben, registrieren. Wenn überhaupt...

Wenn der Dreispringer seine Spikes auszieht und barfuß durch das nasse Gras geht, verursacht er also geringere Erschütterungen... Seine Schrittamplitude kann also gemäß der Beziehung *(bla, bla, bla) · (ti, ta, ta)* nur noch maximal 43,314981 cm betragen... Wenn in der von uns Makroskopiern beobachteten subatomaren Dreisprunganlage ein winziger Knirps sein Stöckchen auf dem federnden Absprungbalken mit der Frequenz 181 Hz tanzen läßt, heißt das ja auch nicht, daß sein Stöckchen nun gemäß (...) * (...) mindestens 30 Megatonnen wiegen muß.

Heisenberg meinte nur, daß wir nicht Absprungimpuls und Sprungweite gleichzeitig messen können, mit Ungenauigkeiten leben müssen und statistischen Wahrscheinlichkeiten. Er gibt eine Genauigkeitsgrenze an, mehr nicht. Er hatte begriffen, daß wir nicht gleichzeitig die Anatomie des toten Kolibris exakt sezieren und dabei auch noch sein unvergleichliches Schwirren bewundern und kinematisch analysieren können.

Aus den seismischen Wellen bei der Erschütterung des Absprungbalkens durch den Sub – miniatur – Dreispringer werden wir mit einiger Unsicherheit möglicherweise seine Masse und / oder seine Sprungkraft herausfiltern können, mit Sicherheit aber nicht mehr die Wellenlänge seiner Locken oder die Hirnstromfrequenz seiner Kopfläuse. *Deren* theoretisch natürlich möglicher Ideenreichtum ist selbst durch computergestützte Modellierung mit megasupersymmetrischen exzeptionellen Gruppentheorien nicht mehr nachvollziehbar, sondern hinter Heisenbergs Erkenntnisschwelle sicher verwahrt.

Die Heisenbergsche Unschärferelation ist ein Eingeständnis. Die Teilchenzoodirektoren benutzen diese Bankerotterklärung frech als Blancovollmacht zum Zelebrieren immer groteskerer Tierchen. Da das Produkt $dE \cdot dt > h$ also endlich sein soll, eine begrenzte Ausnahmegenehmigung zur Naturgesetzbrechung gewissermaßen, kann man nur kurz stramm über die Stränge schlagen, während geringfügige Verstöße gegen Erhaltungssätze länger unbemerkt bleiben können. Das ausnahmsweise mal eben erlaubte unerlaubte Entfernen von der Photonen- oder Gravitonentruppe zwecks Kraftmittlung könnten sich gewichtigere Chargen also nur blitzschnell mal erlauben, während Winzlinge länger wuseln dürfen (müssen?), um den gleichen Effekt zu erreichen. (Prominente Politiker können heutzutage ja auch kaum noch eine Finanztransaktion unbemerkt von der Journaille abwickeln...)

Mittels Heisenbergs Unschärferelation entwerten sie die heiligen Erhaltungssätze zur bloßen Statistik, nur damit c aus $E = m \cdot c^2$ als Einzig Heilige Konstanz unangetastet bleiben kann, Naturkonstantenstatus erhält.

Sie rechnen $dE \cdot dt = h$. Damit dt ausreichend groß werden darf, **muß** dE minimal bleiben. Um nun gar unendlich weit reichende Kräfte vermitteln zu können, müßten die Mittlerteilchen trotz der eben auch nur endlichen Lichtgeschwindigkeit unendlich lange unterwegs sein. Es sei denn, der andere Faktor verschwindet ganz. Dieser, selbst Produkt aus m und c^2, kann aber bei endlichem c nur Null werden, wenn die (Ruh)masse schwindet. - - - - - - - Also weg damit, damit die Rechnung wieder stimmt, c konstant bleiben darf. Die Mittlerteilchen der unendlich weit reichenden elektromagnetischen Kraft müssen *also* masselos sein. (Wer könnte sie auch sonst blitzschnell wegschleudern oder auffangen?)

Zum Durcheilen des winzigen Kerns zwecks Kernteilchenbindung brauchen die Gluonen wenig Zeit. Der Faktor dE muß also sehr groß sein, damit die <u>Gleichung</u> $dt \cdot dE = h$ wieder stimmt. Im Produkt $dE = m \cdot c^2$ steht c^2 fest und der andere Faktor, die Gluonenmasse, hat also einen ganz bestimmten Wert zu haben. Bei den noch geringeren Distanzen der STRING – Welt braucht die Kraftmittlung noch weniger Zeit, der dE – Faktor hat noch größer zu sein und damit die Masse des X – Teilchens: 10 hoch 15 Protonenmassen, so massiv wie das sagenhafte Monopol! Das dazugehörige Energieäquivalent bringt selbst die Hochenergiephysik des 22. Jahrhunderts

nicht auf. Die Große Vereinheitlichungsenergie ist unerreichbar, die Stringtheoretiker also nicht als Scharlatane überführbar. Geschickt eingefädelt, ihr Hofschneider! Der Kaiser zahlt jedes Gewand, will sich ja nicht blamieren...
Die Unschärferelation ist eine Ungleichung.
Es gibt keine Punktmasse zum Schwarze – Löcher – Reißen.
Es gibt keine Ruhmasse Null.
Nur um sie *dadurch* besser auffassen, begreifen, berechnen zu können, darf man die Masse gedanklich kurz mal zur Punktmasse zusammenstauchen, zur Ruhmasse einfrieren. So, wie man mit dem Schwerpunkt oder dem idealen Gas operieren darf. Das muß bewußt bleiben bei allen Formelspielchen.

Fragen : Das beim Teilchenzerfall entstehende Photonenpaar muß infolge Drehimpulserhaltungssatz entgegengesetzt gleiche Spins haben. Mißt man das eine, hat das andere den entgegengesetzt gleichen Spin. Und zwar sofort, ohne von der Messung an seinem Kompagnon etwas erfahren zu haben, wissen zu können. Wirklichkeit ohne Messung, Herr Bohr? frohlockten Einstein, Podolski und Rosen (EPR – Paradoxon)...
  Nach Bohr gibt es unabhängig vom Beobachter weder Wirklichkeit, noch Naturgesetz. Indem der Beobachter beschließt, etwas über den Drehimpuls des zweiten Teilchens zu erfahren, indem er am ersten eine Messung vornimmt, verknüpft er beide. Indem das Neutron (z. B.) eine Spur auf dem Film hinterläßt, dem beobachtenden Physiker eine Information verrät, kollabiert die zuständige Zustandsgleichung, die Wellenfunktion wird unstetig, in-deterministisch, nicht-lokal, bleibt also nicht sie selbst, entartet in allen Wesensmerkmalen in ihr Gegenteil, bricht zusammen. Was aber, wenn das Teilchen einen bereits belichteten und damit „ungefährlichen" Film trifft, dem es gar kein Geheimnis verraten *kann*? Oder wenn niemand die Filme entwickelt und die Spuren analysiert, es also ebenso unentdeckt bleibt? - - -
  Der Glaube an die objektive Realität, **die unverzichtbare Voraussetzung allen ernsthaften Forschens**, wird geopfert, um eine mathematische Fiktion zu retten, die Schrödingergleichung...

Die Bellsche Forderung nach akausaler Nicht – Lokalität wird allseits akzeptiert, obwohl die gleichbedeutende Fernwirkung Newtons einhellig verworfen wurde, den Anlaß für die Allgemeine Relativitätstheorie hergab.
  Bells Beweis der Unvermeidlichkeit nichtlokaler Einflüsse geht sogar noch über Bohrs Kopenhagener Deutung hinaus: Erst durch die Beobachtung erlangen Elementarteilchen ihre Existenz. Dieses beobachterbedingte Schattendasein II. Wahl scheint mir purer Quantenpositivismus zu sein...
  John Wheeler, ein Schüler von Nils Bohr, treibt's auf die Spitze :
Wenn der Quantenphänomene messende Beobachter die Wirklichkeit erst „erschafft", sie „ohne seine Beobachtung sinnlos ist" *(Bohr)*, erschafft also auch der Astronom erst das Universum. Ohne sein Fernrohr existiert es nicht

eigentlich wirklich im Bohrschen Sinne... Unsere Teleskope registrieren verräterische Photonenquanten und sperren sie in Kataloge *angeblicher* Galaxien, Pulsare und dergleichen. Nur in diesen Katalogen fristen sie ihr kümmerliches Schattendasein, ansonsten sind sie inexistent...
Die Wahrscheinlichkeitswellen der vor Jahrmillionen emittierten Photonen kollabieren erst in unseren Observatorien – egal, was sie inzwischen durchmachen mußten bei ihrem unvermeidlichen Wechselspiel mit mancherlei interstellarer Materie – weil sie sich durch das Observieren ertappt, durchschaut fühlen, weil das ihr Erstkontakt zu sich selbst reflektierender Materie, zu (menschlichem) Bewußtsein war. Dort (und nur dort!) kollabiert ihre eigentliche Existenz, die erhabene Schrödingergleichung. Gerinnt zu Gewißheit in unserem(!) Geiste. *V o r h e r* waren sie im Bohrschen Sinne nicht wirklich existent. -
O sancta stupiditas! Das stellt ja die borniertste mittelalterliche Scholastik weit in den Schatten! (Zwischenresultat des Verfassers)
Everett nun bestreitet die Einmaligkeit, Besonderheit des Meßvorgangs. Er behauptet, daß alle in der Schrödingergleichung schlummernden Wahrscheinlichkeiten gleich reale Möglichkeiten sind, von denen allerdings nur jeweils eine von einer Seite (Phase, Zustand,... ?) *des Beobachters* „erlebt" (?gemessen, registriert?) wird – in *seiner* Erlebniswelt. Alle anderen (theoretisch? mathematisch!) möglichen Lösungen der Schrödingergleichung existieren gleichberechtigt, ebenso real in anderen Parallelwelten (mit anderen Seiten unserer schizophrenen Persönlichkeit, die sich bei jeder Teilchenwechselwirkung erneut aufspaltet und so fort...)

Du und ich, mein lieber Leser (danke, daß Du durchgehalten hast!) oszillieren, fluktuieren also zillionenmal pro Sekunde in jeweils andere Wesensheiten unseres Selbst, *wenn wir durch Teleskop oder Elektronenmikroskop auf einen galaktischen Nebelfleck oder in eine terristische Nebelkammer schauen.* Ich find das viel schlimmer, als die läppische Fernwirkungsfurcht. Und Du?

Zu solchen Excüsen ist man aber gezwungen, wenn man sich aus den nichtlokalen Quantenkalamitäten wieder rauslügen und zu einem anständigen Determinismus (Kausalitätskette; Ursache – Wirkung) zurückfinden will. Die meisten von denen, die ich im Rahmen des mir auferlegten „einschlägigen Literaturstudiums" lesen mußte (und nun also auch genüßlich auseinandernehmen kann – Rache ist süß!), wollen das längst nicht mehr, scheren sich einen feuchten Kehricht um die philosophischen Konsequenzen ihrer Postulate und Proklamationen. Messen aber immerhin noch, wenn auch ohne Hoffnung auf sinnvolle Deutung...

Die Quantenelektrodynamik hat das magnetische Moment des Elektrons mit 1,001159652??, mit 1:10 Milliarden Genauigkeit vorausgesagt. Wie wird es überhaupt gemessen? Ist es überhaupt eine objektiv reale, meßbare physikalische Größe oder eher ein mathematisches Konstrukt, *das auf einem anderen mathematischen Wege* bestätigt wird mit $1:10^{10}$

Genauigkeit? Dem philosophisch fragwürdigen quantenmechanischen Meßvorgang, der a priori unscharf ist, entnimmt man ein superscharfes „Meß"ergebnis... Die experimentell angeblich ebenso abgesicherte ART behauptet, daß die Struktur des Raumes durch Massenverteilung, der Ablauf der Zeit durch die Geschwindigkeit der Massenbewegung determiniert wird, ohne sie nicht existiert.

Im Reich der Unschärfe wird diese schwammige Raumzeit wieder kristallklar und bombensicher – Basis für superscharfe Berechnungen und Messungen. Plötzlich währt irgend etwas exakt 10^{-33} Sekunden. Ortszeit? Raumzeit? Prozeßzeit? - Entscheidet euch, ihr Everett-Jünger, bevor ihr euch an die Details der einheitlichen superstringenten Feldtheorie wagt...

Vor Einschalten des Computers Gehirn einschalten...

Die neueren Computerologen („... *Wir stellen uns die Naturgesetze als eine Art Software vor, die auf einer Hardware läuft, die aus den Elementarteilchen und der Energie unserer materiellen Welt besteht."* Barrow *„Warum die Welt mathematisch ist"* dtv 1996, S. 89) messen nur noch pro forma, wenn sie in ihren Salzbergwerken mit millionenschwerer Apparatur den einen Protonenzerfall pro Jahrtausend (!), *gemäß ihren eigenen Gleichungen(!)* registrieren wollen, der ihre abstrusen Theorien retten soll, welche sie *„aus irgendwelchen Gründen vorziehen... "*

„Cui bono ?" frage ich abermals „Wem nützt es ?"

PRESSE – SPLITTER ; REFLEXIONEN

„*Aus der überraschend konformen Rotation entfernter Galaxien ziehen Kosmologen den <u>erstaunlichen</u> Schluß, daß vielleicht erst ein Prozent der Materie entdeckt, 99% als »Schattenmaterie« verborgen geblieben ist.*"
Überraschend? Erstaunlich? Für wen?
Als aussichtsreiche Bewerber für diese ergiebige 99%-Marktlücke „Dunkelmateriesortiment" gelten neben den *Schwarzen Löchern* auch *Photinos, Gravitinos, Monopole, Quarknuggetts, S–Neutrinos, Neutralinos, Kosmionen, Higgs-, **Weyl**- und was weiß ich noch für Vektorbosonen...*
Professor **Weyl**, Zürich, war übrigens derjenige, der ein Elektron als etwas *"dem Ich Gleiches"* sah, weil es *"handle"* und *"in dem von ihm erzeugten elektrischen Feld stecke wie das Ich in seinem Körper, welchen es als Bühne seiner Selbstdarstellung benutzt"*. - - -
"Eigentlich bin ich ganz anders. Ich komme nur so selten dazu."
(Ödön von Horvath) - - - Meinem eigentlichen Ich ist auch grade wieder mal zum Träumen . . . es ist nun ein extraterristischer Astronaut, ein Alien:
... Wir sind ein wenig durch die stockdunkle Nacht gewandert und sahen hie und da ein paar winzige Glühwürmchen aufblitzen ... Gegen Morgen wird es überraschend hell(!) und wir machen die <u>erstaunliche</u> Feststellung, daß 99 % der Tiere kein eigenes Licht aussenden, daß es ringsum von nicht selbstleuchtenden „Dunkelwesen" wimmelt, die uns im Schatten der Nacht verborgen geblieben waren . . . beim kalten Licht der brasilianischen Cucujo-Käfer soll man angeblich sogar lesen können – aber wohl kaum mit ihnen über's Gelesene diskutieren . . .
...... Ein Wanderer zwischen den Welten kommt zu uns in irdischer Nacht.
Sieht Sterne am Himmel funkeln in heimisch vertrauter Pracht.
Sieht zwischen den Zweigen der Bäume glimmende Pünktchen tanzen.
Erhascht eins der schimmernden Wesen
und schließt von ihm auf das Ganze.
Funkt hoch zu den Bordgenossen:
„Es gibt hier auch sowas wie Leben mit der und der Frequenz.
Zu höherer Geistesregung zeigen sie keine Tendenz.
Verständigung scheint unmöglich. Ihrer Bahnen Leuchtfeuerspur
entspricht keinem sinnvollen Code. Sind primitiver Natur.
Schnell, beamt mich an Bord, Genossen! Die Strahlungsphase droht!
Das Licht der Glimmerwesen mutiert schon gegen Rot!"

Auch wir messen emsig im Dunkeln der Glühwürmchen Gewicht
und blinzeln in ihr Funkeln mit verständnislosem Gesicht.
Wir wundern uns höchstens im Stillen daß ein Prozent wir erst fanden,
daß 99 Prozente im Schatten des Nichts entschwanden.
Die 99 Wesen sperr'n wir in den Teilchenzoo.
Genau in die Gleichungslücke! Hach! Sind wir wieder froh!

In unseren Formelschlingen werden wir es nicht fangen.
So kann es nie gelingen, Ahnung zu erlangen
von Analogdimensionen aus höhergeordneter Kraft
hinter ferngewirkter Bewegung in fremder Genossenschaft.
Vom eigengesetzlichen Walten der Überallnatur
galaktischer Daseinsweisen finden wir *s o* keine Spur.
Zwar suchen wir schon nach den Gründen der allumfassenden Regung
die aus all unsern Formeln entschwindet in rätselhafter Bewegung.
Durch renormierte Kursionen lassen sie sich nicht fassen.
Sie spotten der Dilatationen raumzeitverzerrender Massen.
Wir schoben sie auf das Wogen einer mystischen Wellenform.
In symmetrischen Formelschablonen haben wir sie verlor'n . . .

Im Dunkel des Weltalls geborgen ein Schattengesicht.
Ein Wimpernschlag währt Äonen aus unserer Sicht.
Wir haben andere Maße und messen es nicht.
Wir haben andere Sorgen und ahnen es nicht.
Die dunkle Seite der Wahrheit – noch sehn wir sie nicht,
doch schon kündet den nahenden Morgen erwachendes Licht.

Und, weil mir nun grad mal wieder so lyrisch zumute ist, hier auch gleich noch ein uraltes **MENETEKEL** aus meiner naiven **GENESIS** :

Chaos wabert ganz verschwommen. Niemand, der es wahrgenommen.
Niemand da, der es verdichtet, sinnvoll aufeinanderschichtet,
  Welten formt nach seinem Sinn – so in etwa, immerhin . . .
Überall nur tristes Dunkeln. Nicht mal Sterne da zum Funkeln.

So vor zig Billiarden Jahren als noch keine Welten waren
sich das Chaos sachte ballt zaghaft suchte nach Gestalt
  wirbelte in Urzyklonen, Feuerstürmen, Eruptionen
bis es endlich sich entschied und in Kugelform verblieb.

Solche Kugeln, Myriarden, fanden sich zu lichten Scharen,
kreisten tanzend um ihr Feuer leuchtend strahlend ungeheuer!
Glosten bald nur noch im Innern starrer Kruste feurig schimmern...
Also wurden die Planeten. Nichts von wegen Klümpchen kneten.

Zeiten gingen. Milliarden. Keine Spur von Langobarden.
Nicht einmal ein Tryglobyt schwappt im Urschleim träge mit.
  Vage erst zusammenkleben Protozythen. Ist das Leben,
  was dort ohne recht Gestalt in der Brüh zusammenballt?

Wieder gehen Jahrmillionen. Und auf uns'rer Kugel wohnen
Pflanze, Fisch und Leguan und vielleicht ein Pelikan
ohne große Ambitionen: fressen, paaren und sich schonen.
Nicht einmal das Warzenschwein wühlt sich allzutief hinein . . .

Dann der Mensch. Erst noch halb Affe. Überholt schon die Giraffe.
Schafft sich Platz. Mit Schwert und Feuer.
Nichts und niemand ist ihm teuer.
Schon nach zwei, drei Weltsekunden hat er seinen Plan gefunden
wie er alles unterjocht und auf „seine Rechte" pocht.

Elefant ist nicht mehr sicher. Jaguar nicht fürchterlicher.
Urwaldriesen, Büffelherden müssen seine Beute werden.
Steppen wachsen. Wüsten. Öde. Nur der Mensch in seiner Blöde
merkt nicht, was er hinterläßt: Wäldersterben. Robbenpest.

Ist ihm alles piepegal. Einzig wichtig: Plankennzahl.
Wachstumsrate Produktion. Länderwertung Konsumtion.
Weltmaßstab erst Ziffer acht? Also schneller daß es kracht
denn es wäre ja gelacht wenn ich nicht der erste werde
beim Verwüsten dieser Erde.

Also auf zum letzten Sprint!
Vorwärts, Mensch, die Hatz beginnt
gradewegs in das Finale...

Nur 'ne leere Plasteschale
kündet spät'ren Astronauten, daß hier welche mal was bauten,
die wohl mit Geschmack versehn. Denn die Schale ist sehr schön...

Sterne scheinen. Erde kreist. Wüste glüht und Gletscher eist.
Sonnenstrahlen. Warmer Wind. Kühle Wasser. Luft gelind.
Kobalt und Plutonium strahlen weiter, um und um . . .
Hunderttausend Jahre und dann geht's hier wohl wieder rund.

Doch bis dahin, still und stumm kreist der Globus leer herum.
Winter weichen. Sommer kommen. Niemand, der es wahrgenommen.
Der es konnte, bitte sehr, konnte leider noch viel mehr:
Hat mit ungeheurer Kraft selber sich hinweggerafft...

STAR WAR II wird grade aufgelegt.
Ob die Schlaumeier wohl noch rechtzeitig zur Vernunft kommen?
Messerscharfen Verstand haben sie ja im Übermaß, die Sternenkrieger...
Nur leider überhaupt gar keinen Heiligen Geist, die Scheinheiligen...

DIE BIENE MAJA

Dem Säuseln der Blätter im Sommerwind, dem Zwitschern, Pfeifen, Keckern und Tschilpen der Vögel, dem Zirpen und Sirren der Insekten überlagert sich, unmerklich erst und nur langsam in's Bewußtsein dringend, ein stetig anschwellendes Summen. Ich schaue auf und sehe den Luftraum über unserm Garten gleichmäßig angefüllt mit einer Unzahl schwirrender Punkte, einer Unmenge ununterscheidbarer gleichförmig summender Insekten, schwärmender Bienen.

Der Schwarm verdichtet sich, lockert sich auf, treibt hierhin und dorthin in scheinbarer Regel- und Ziellosigkeit in undurchschaubarer und unvorhersagbarer Weise. Bei genauerer Betrachtung jedoch und längerer aufmerksamer Zuwendung kann ich erkennen, daß ein deutlich dichteres, relativ stabiles Schwarmzentrum eine „Warteschleife" zieht in ~ 2½ m Höhe zwischen unsern beiden Boskopps und dem Birnbaum, während die Ausläufer ein Terrain von etwa 40 m Ø „auskundschaften", dabei sogar einmal flüchtig meine gemütliche Holzterrasse auf Brauchbarkeit für ihre Zwecke inspizierend, mich dadurch beinah in die Flucht schlagend. Doch das naturkundliche Interesse ist stärker. Ich bleibe – ein zwar beunruhigter, aber dennoch ruhender Beobachter.

Der „Kern" kreiselt immer enger und tiefer, wird merkwürdigerweise dabei immer dünner, obwohl die allmählich zurückkehrenden Außendienstler ihn doch eigentlich verstärken müßten. Unglaublich! Die können sich doch nicht in Luft auflösen! Der Sache muß ich auf den Grund gehen.

Schnell eile ich ins Haus, komme kurz darauf mit langer Hose und Hemd gewappnet wieder raus, um mich vorsichtig an den Brennpunkt des Geschehens heranzupirschen. Ein kleines Tännchen, zuvor von hohen Schwertlilien fast verdeckt, erweist sich nun als das vom Bienenschwarm auserkorene Ausflugsziel. Hier läßt er sich nieder, bildet eine dicke wimmelnde, brummende Traube, die sich mehr und mehr verdichtet. Bald umschwirren nur noch wenige in geringem Abstand das Tännchen, um dessen Stamm ihre Schwarmgenossen indessen eine regelmäßige, konzentrische Formation gebildet haben, einen Rotationsellipsoid von etwa 30 cm Ø und 50 cm Höhe mit einer zwar emsig fluktuierenden, aber im Ganzen recht glatten Oberfläche und stabilen Form. Das tiefe, gleichmäßige Summen ist inzwischen einem flirrenden, sirrenden Ton gewichen, der nach etwa fünf Minuten verklingt. Nun ist nur noch das klar unterscheidbare Summen einzelner Bienen zu hören, die das neue Heim bewachen. Die Umgebung wurde ja von allen bereits gründlich erkundet. - Meinetwegen könnten sie bleiben. Aber der nächste Winter kommt bestimmt, und da sind sie bei meinem Nachbarn, der Imker ist, besser aufgehoben.

Beim Einkeschern seiner Ausreißer mit einem „Fledderwisch" erzählt er mir, daß es vor allem darauf ankommt, die „Waisel" in den Kasten zu kriegen – das Bienenvolk folgt dieser ihrer Königin unbedingt und überallhin, bildet in selbstloser Aufopferung sofort wieder einen schützenden Kordon um sie, denn ohne sie sind sie alle ein Nichts. Verpaßt so eine Honigbiene den nochmaligen Quartierwechsel, fliegt sie am nächsten Morgen, vom Schwärmen benommen, ihres Daseinszwecks und ihrer instinktiven Orientierung beraubt, aus meinem Tännchen auf, immer der Sonne nach, bis an ihr Ende. Geradenwegs nun, offensichtlich zielgerichtet. Offenbar zwar, aber dennoch nur scheinbar.

Unvermittelt muß ich wieder an meine Teilchenzähler denken und ihre Kurzschlüsse. Konstatieren eine meßbare zeitweilige Zusammenballung von schleierhafter Schattenmaterie aus dem Luftraum ihrer Blasenkammer, aus dem Quantenvakuum ihrer Formelblasen, eine temporäre **„creatio ex nihilo"**, ein aus dem 26-dimensionalen virtuellen Phasenraum plötzlich aufgetauchtes Teilchen von 30 Femtometer Ø und 50 fm Höhe, Spinachse vertikal, Fluktuationsrate sowieso, Streuungsbreite et cetera, welches nach 1836 Picosekunden Lebensdauer wieder ins Quantenvakuum zurückspringt.

Und denn geht das Rechnen los, Zahlen haben sie ja nu dazu. Selbst wenn sie ausrechnen, daß ihr nagelneues rotationselliptisches 30 fm-Teilchen aus noch geringeren Subminiaturdingis besteht, die sich in M-Quarks (das ist die MAJA – MIRRI – MURRAY – family mit der Summtonfrequenz titata) und S-Quarks (das ist die SUSY – SISSI – SZASSA – Sippe mit der um exakt soundsoviel % seltsameren Zusammenballungsquantenzahl $\Sigma\mu°$) klassifizieren läßt und so weiter bis auch der Subminiaturteilchenzoo überläuft oder ihr Computerspeicher – vom Wesen der Waisel und ihrer Rolle bei der Staatenbildung werden sie s o keine Ahnung erlangen.

Wer Atome für unteilbar, Elementarteilchen für elementar, Quarks für das aber nun wirklich endgültig niedrigste Strukturlevel hält und die dort beobachtbaren zufallsbestimmten Wahrscheinlichkeitsbeziehungen für fundamentale Gesetze, hat noch nicht einmal das infinitesimale Grundprinzip erkannt. (Die Bienen haben Milben, die Milben Viren, die Viren DNS-Spiralen, diese Moleküle, welche wiederum aus protonenhaltigen Atomen bestehen, deren . . .)

Selbst wenn mein Auge mit unbegrenzter Schärfe die Flugbahn einer einzelnen Biene während dieser halben Stunde hätte akribisch verfolgen können, wäre ich doch nicht imstande, <u>daraus</u> ihr weiteres Schicksal und das ihres Schwarms abzuleiten. Noch alberner das deterministische Ansinnen, die genaue Kenntnis von Ort und Schwung aller Bienen zu einem ganz bestimmten Zeitpunkt ließe Rückschlüsse auf das vergangene Geschehen oder Prognosen auf das fernere Schicksal des Schwarms zu.

113

Hier liegt die unsinnige egozentrische Annahme zugrunde, unseren grandiosen Gesetzen stünde Allgemeingültigkeit zu. *(Was ich selber denk und tu, trau ich allen andern zu. Die Welt ist wie sie ist, weil wir sonst nicht da wären, sie (und uns in ihr!) zu erkennen. Die Welt ist so geworden, wie sie ist, weil es mit Menschwerdung und Welterkenntnis nix hätte werden können, wenn die Anfangsbedingungen auch nur ein wenig anders gewählt worden wären.)* **Henry Poincare** hat diese anmaßende Anthropozentrik schon 1903 pointiert ad absurdum geführt.

Mein Nachbar eben (21. 05. '00) auch noch mal: Beim Einkeschern des Schwarms von meinem Tännchen in sein Kästchen hatte er wohl die Königin nicht mitgekriegt. Ergo zog sich der Schwarm nicht im Kasten, sondern erneut am Tännchenstamm zusammen. Denn 1. kommt es anders und 2. als man denkt. Doch der Vergleich hinkt, wie übrigens alle Vergleiche: Mein Nachbar weiß was von Waiseln und den Gesetzen ihrer Völker.

Was aber wissen wir von t-Quarks? Dank **FEYNMAN** nur, daß _wir alle_ deren Masse ebensogut zu schätzen vermögen, wie irgendwelche Teilchenphysiker. Oder was können wir von virtuellen τ – Neutrinos wissen, wo doch schon „gewöhnliche" Neutrinos so schwach wechselwirken, daß sie kilometerdicke Bleiwände, Planeten oder Galaxien unbehelligt durcheilen, sich aber angeblich dennoch von unseren pfiffigen Teilchenjägern einfangen und ausmessen und in Kataloge sperren ließen... Da stecken sie nun gefangen, in die winzige Lücke irgendeiner Massenbilanz eingeklemmt, damit die Formel nicht so wackelt... Und, weil es sich so schön rechnet und so schwer widerlegen läßt, werden 90 % der in den unfehlbaren Gleichungen fehlenden Kosmosmassen diesen lieben Tierchen auch gleich noch in ihre zierlichen Schühchen geschoben...

Oder haben die Spuren dieser spurlosen Geisterwesen im Nebel der Wilsonkammer sie verraten? Die Bienenflugbahn jedenfalls verrät nichts über deren Masse und Geschwindigkeit und Drehimpuls. Bienenmasse und Bienengeschwindigkeit allein determinieren auch nicht hinreichend ihre vorläufige und nachfolgende Flugbahn, weil sie gehässigerweise unterwegs mit den Flügeln schlagen, um unsere Ermittlungen zu erschweren, die Versuchsergebnisse zu „*verschmieren*". Wahrscheinlich . . . Wahrscheinlich schwärmen sie auch alle im (7*7*7) + (3*7) Tage-Rhythmus aus der virtuellen reallity in die wirkliche Wirklichkeit, materialisieren sich aus dem Quantenvakuum ihrer Antiwelt im Paralleluniversum, entrollen kurz mal ihre verborgenen Dimensionen, gerinnen in unserem Meßapparat aus Wahrscheinlichkeit zu Gewißheit mit ungeheurer Genauigkeit, kollabieren zu diesen rätselhaften 30 Femtometer-Rotationsellipsoiden mit beeindruckender Regelmäßigkeit: Alle Frühjahr wieder, periodisch. Höchstwahrscheinlich...

Höchstwahrscheinlich hält auch die Biene uns, die wir immerhin ihre „Dimensionsgefährten" sind, nur für ungeflügelte honigraubende Monsterwürmer, fürchtet den beißenden Qualm unserer Imkerpfeife und ahnt nichts von all unseren anderen *"eingerollten"* Dimensionen: Rilke-Fan, Schachspieler, Segelflieger, Pilzesammler . . . Unser Kosmos ist für sie nicht überschaubar. - Wer den momentan von uns überschaubaren Teil des Alls *„aus irgendwelchen Gründen"* als irgendwie ausgezeichneten Sektor für irgendwelche Modellbildungen betrachtet, ist trotz weitreichender Teleskope kurzsichtig, trotz messerscharfem Sachverstand ohne vernünftige Einsicht.

Was weiß die Biene Maja über die Gemütsverfassung des lieben Karel Gott, der sie grade so wunderschön besingt? Was weiß der Mensch über die Eigentümlichkeiten gigagalaktischer Strukturen, was über die Eigengesetzlichkeiten quarksiger oder subquarksiger Kosmen? Irgendwann wird er sich damit abfinden müssen, daß das für ihn prinzipiell unerfahrbare Dimensionen sind und er mit seinem Dünkel nicht der Nabel der Welt...

Nachdem ruchbar ward, daß der Vatikan nicht Zentrum des Erdkreises und dieser nicht Dreh- und Angelpunkt des Kosmos ist, ließ man den Kosmos aus Pater Lemaitres Uratom sprießen, gab mit dem Standardmodell dem Schöpfungsmythos einen pseudowissenschaftlichen Anstrich. Auch Dirac's virtuelle Vakuumflukuationen sind Versionen einer *„creatio ex nihilo"*, einer Schöpfung aus dem Nichts und also nichts weiter als gut getarnte, als raffiniert zelebrierte, als pseudogelahrig verbrämte Theologie...

Wer allerdings ernsthaft nach der Weltformel sucht, weil er wirklich glaubt, nun endlich die fundamentalsten Materiestrukturen durchschaut und in grundlegenden und allgemeingültigen Formeln eingefangen zu haben, aus denen er alles weitere ableiten darf, ist, auf höherem Level zwar, cartesianischer Determinist geblieben. - Freilich würde auch der Wasserläufer den Archimedischen Auftrieb erfahren, wenn die *für ihn bedeutsamere* Oberflächenspannung verschwände. Freilich unterliegen auch Bienen gegenseitiger Massenanziehung und Erdschwere. Aus der Tatsache, daß ihr Schwarm sich ½ m über dem Rasen am Tannenstamm formierte, darf man aber nicht den Schluß ziehen, daß das Schwerefeld ½ m über dem Erdboden endet . . . Freilich gehorchen auch Andromeda-, Krebs- und Pferdekopfnebel der universellen Gravitation. Doch sicher nicht nur ihr allein. In deren Dimensionen sind höchstwahrscheinlich ganz andere Wechselwirkungen wirklich relevant, während die dem Wasserläufer lebenswichtige Oberflächenspannung in Bedeutungslosigkeit versunken ist... So belanglos für Galaxien, wie für *unser* Handeln und Wandeln der imaginäre 1½-Top–Spin des t-Quarks . . . Über den Geltungsbereich von Naturgesetzen solltet ihr mal nachdenken, *bevor* ihr euch wieder auf die Teilchenpirsch begebt, in die Formelschlacht stürzt...

Analogien sind zuweilen hilfreich, freilich. Die analoge mathematische Struktur von Widerstands-, Kapazitäts- und Induktivitätsbemessungsgleichung, die formale Parallelität zwischen Coulombschen Gesetz und Gravitationsgesetz ist bedenkenswert. Die Überlegung, daß man die Umgebung, den besonderen Zustand des Raumes um Ladung oder Masse herum, den Wirkungsbereich elektrischer oder gravitativer Kräfte als elektrostatisches bzw. Schwerefeld bezeichnen kann, Ladung und Masse als

Quelle von Kraftfeldern also, hilft Schülern, ein wenig System in ihr physikalisches Faktenwissen zu bringen. Der erste Versuch, ihnen eine Ahnung von subatomaren Strukturen zu vermitteln, erfolgt wohl auch heute noch durch vergleichende Gegenüberstellung von Rutherfordschem Atommodell und Sonnensystem.

Dennoch ist die Welt keine Matroschka, bei der die Ansicht der drei „Mittelpuppen" genügt, das Verschachtelungsprinzip zu erfassen und es nach unten und oben folgerichtig fortzusetzen: alle entsprechen einander, weil sie nach einem nachvollziehbaren Prinzip gefertigt wurden, ein Kunstprodukt sind. Das russische Spielzeug hat eindeutig eine größte und eine kleinste Puppe, der Kosmos vermutlich nicht. Vom Kosmos wissen wir immerhin schon soviel, daß die Kernbindungskräfte irgendwie ganz anders sein müssen, als die übrigen Naturkräfte. Wir haben erkannt, daß es zwischen den im idealen Gas herumwuselnden Molekeln und den in der New Yorker Börse herumgestikulierenden Brokern qualitative Unterschiede gibt: die Molekeln richten nicht soviel Schaden an, bringen den Globus nicht aus der Balance...

Wir wissen inzwischen, daß die Honigbienen ihren Staat sinnvoll geordnet haben, während der angeblich vernunftbegabte und aufrechtschreitende *homo sapiens erectus* offensichtlich unfähig ist, sein gesellschaftliches Zusammenleben sinnvoll zu ordnen, bewußt zu gestalten. Oder auch nur aufrecht zu gehen: Man kriecht zumeist und tritt einander in den Dreck.

Es hat sich herausgestellt, daß sogar Pflanzen sinnvoll kooperieren können in symbiotischen Gemeinschaften, während wir Menschen noch in rücksichtsloser Konkurrenz, kontraproduktiver Konfrontation und katastrophalen Kontroversen vergeblich unser Heil suchen...

„Die Welt ist Grausiges in Herrlichem, Sinnloses in Sinnvollem, Leidvolles in Freudvollem" sagt der kulturphilosophische Protestant, unermüdlich aktive Pazifist und wahrhaft fromme christliche Humanist **ALBERT SCHWEITZER** am 20. Oktober 1952 vor der Französischen Akademie der Wissenschaften. *„Dieser ist nicht mein Bruder"* antwortet seinem hochverehrten Urwalddoktor ein schon wieder recht mobiler Patient ganz naiv und ist weder durch Belohnung, noch durch Drohung zu bewegen, einem hilflosen Mitpatienten auch nur die kleinste Hilfe zu leisten, so der nicht blutsverwandt oder wenigstens seines Stammes ist.

„Alle Menschen werden Brüder" wo dein starker Flügel weilt" jubiliert es aus SCHILLERS *„Ode an die Freude"* und den Weg in dies gelobte Land kann nach Albert Schweitzers unerschütterlicher Überzeugung nur die Ethik der Ehrfurcht vor dem Leben ebnen. Tätige Solidarität aus allgemeinem gegenseitigen Wohlwollen wurzelt in tiefempfundener Mitverantwortung am Werden dieser Welt, **die eben nicht** ein göttliches Schauspiel ist mit uns als ohnmächtigen Zuschauern, die ihre Selbstsucht mit Sachzwängen entschulden. Die sich einen Schöpfer schufen, auf den sie dann all ihre Schuld schieben, ihre eigene Verantwortung abwälzen zu können glauben . . .

Man weiß inzwischen dank Rudolf Augsteins SPIEGEL, daß Hitlers Mutter leider keine Fehlgeburt hatte und daß deshalb das angeblich bereits zivilisierte Europa in die Barbarei zurückfiel. – Eine Mißgeburt in einem Ameisenhaufen wird einfach ausgemerzt, bringt nicht den ganzen Ameisenstaat durcheinander.

Dank Murray Gell–Mann wissen wir aber auch, daß mit der Komplexität adaptiver Systeme ihre Flexibilität steigt, ihre Fähigkeit, Störungen ausgleichen zu können. Ergo sind Ameisen und Bienen komplexere Wesen als wir, weil sie ihren Staat besser ausbalancieren können. Und dabei waren wir so stolz auf unser einzigartig komplexes Wesen, hielten uns gar für die Krone der Schöpfung! Einer Schöpfung, die wir schon zerstören, eh wir sie so recht begriffen haben, die wir beherrschen wollen, eh wir uns selbst beherrschen können...

Kaum kennen wir ein Zipfelchen irgendeiner Wirklichkeit, ein mathematisch faßbares, algorithmisch komprimierbares Wirkungsprinzip, schon erklären wir es in grenzenlosem Größenwahn für allgemeingültig, für grundlegend, für absolut. Freilich, der Ehrgeiz großer Forscher ist verständlich, noch zu Lebzeiten „zu Rande zu kommen", die nun aber wirklich endgültig allerkleinsten Matroschkapuppen herauszuschälen, das ultimativ fundamentale Partikel gefunden zu haben, um endlich einen Schlußstrich ziehen, endlich mit der Großen Synthese beginnen zu dürfen, auf diesem Fundament das einheitliche und geschlossene Weltgebäude errichten zu können nach einem Bauplan, nach einem Modell, nach einem System, *„das man aus irgendwelchen Gründen vorzieht".*

Welches System *ich* denn nun hervorziehe? Du enttäuscht mich, mein lieber Leser! Natürlich gar keins. Ich weiß nur, daß es zum Aufstellen *solcher* Systeme mit Endgültigkeitsanspruch entschieden zu früh ist, immer zu früh sein muß. Wir tappen doch noch völlig im Dunkeln! Wir wissen doch noch nicht mal, was Licht ist! Halten es erst für das eine, dann für das andere, dann für beides gleichzeitig, je nach Versuchsanordnung, und billigen ihm statt dieser inzwischen behördlich anerkannten Dualität demnächst wohl auch noch Trinität zu. Dann dürfen wir sogar dreideutig deuten, haben immer zwei Hintertüren offen, zwei Asse im Ärmel...

Oder hat es gar ein *v i e r* -fältig Wesen, das Licht ? ? ?

Quadroluminarentität!

Jawoll, das ist es! Welch prächtiger Fachterminus! In seinem Glanze löst sich dann vielleicht auch der Bohr'sche quantenmechanische Schauder in eitel Wohlgefallen auf und öffnet das Tor zur Quantenkosmokinese, über dem in eherrrrrrnen Letterrrrn die **WELTFORMEL** prangt...

Spaß beiseite. Diesem zwielichtigen, doppelzüngigen, unzuverlässigen elektromagnetischen Kundschafter vertrauen wir blindlings, obwohl er uns ständig hinters Licht führt, von einem Paradoxon in's andere taumeln läßt, zu immer unklareren Erklärungen zwingt, in unlösbare Widersprüche verwickelt und uns schließlich sogar in die unsägliche relativitätstheoretische Begriffsapokalypse gestürzt hat. Wir akkreditieren einen Botschafter, dessen Botschaften wir zwar nicht immer richtig entschlüsseln, aber nach Belieben interpretieren und dadurch alle Theorien stützen können, *„die wir aus irgendwelchen Gründen vorziehen"*...

DIE BOTSCHAFT DES FUNKELNDEN

Hundert Jahre = 36 500 Tage = 876 000 Stunden mit 170 km/h ununterbrochen unterwegs – und man hat die 149 Millionen Kilometer bis zur Sonne zurückgelegt – eine Entfernung, für die ein Sonnenstrahl grade mal acht Minuten braucht. 550 000 mal so lange, nämlich neun Jahre dauert es, bis das funkelnde Licht des hellsten Fixsterns uns erreicht – wir wären mit unserem 170–Sachen–Auto 55 Millionen Jahre zu ihm unterwegs.

Zu ihm, der oftmals wie ein Brillant in allen Regenbogenfarben schillernd in der Abenddämmerung auftaucht, mit seinem bläulichweiß flackerndem Licht am tiefen Südhimmel nur vom ruhig leuchtenden Jupiter übertroffen wird, bevor er schließlich, noch einmal brillant auffunkelnd, im Morgendunst wieder aus unserem Gesichtskreis entschwindet. SIRIUS – „Der Funkelnde", nannten ihn die alten Griechen. In der 9-fachen rückwärtigen Verlängerung des markanten ORION-Gürtels taucht er auf, weit links unter RIGEL, dem ebenfalls recht beachtlichen Alphastern des Orion. Sirius, als α -*canis majoris,* größter Stern des GROSSEN HUNDES, auch *Hundsstern* genannt, eignete sich als hellster Stern seit alters her natürlich hervorragend als „Zeitstern", als astronomische Kontrolluhr.

Um 1840 stellte der deutsche Astronom Friedrich Wilhelm BESSEL allerdings Gangungenauigkeiten dieser Himmelsuhr fest und behielt ihn im Auge, pardon, im Teleskop. Er vermutete einen zwar unsichtbaren, aber hinreichend massiven Begleiter, dessen Gravitationskraft den Sirius ins Schlingern bringt, sein merkwürdiges Vor- bzw. Nachgehen erklärt, wenn beide, auf ihrer gemeinsamen graden Bahn fortschreitend, zudem noch um ihren gemeinsamen Massenmittelpunkt tanzen. Nach Bessels Tod setzten die Sternforscher Peters und Auwers seine Messungen fort und berechneten einen Tanzrhythmus von 50 Jahren: 25 Jahre geht Sirius vor und 25 Jahre nach. - Sein Tanzpartner aber blieb verborgen, bis der gewissenhafte Optiker Clerk am 31. Januar 1862 sein grade für die Chikagoer Sternwarte fertiggestelltes Teleskop vor Auslieferung noch einmal überprüfen wollte. Alle Sterne lieferten perfekte Testbilder, von konzentrischen Beugungsringen eingerahmte kreisförmige Lichtscheiben, wie es sich gehörte. Nur neben Sirius blieb ein blasses Fleckchen, soviel er auch sein Okular polierte. Es verschwand, wenn er andere Fixsterne fixierte und tauchte beharrlich immer wieder an der gleichen Stelle auf, dicht neben Sirius und nur neben dem. Ein Gasbläschen in der Linse schied also aus – er hatte den lange vergeblich von großen Astronomen gesuchten Siriusbegleiter gefunden, ohne es zu wollen, ohne es zu ahnen. (Fakten aus *"Wie Botschaften aus dem All entziffert wurden",* Volk und Wissen Verlag, Leipzig 1948, 60 Pfennig)

Später stellte sich heraus, daß Sirius A 30 mal so stark strahlt wie unsere Sonne, obwohl er nur 2,4-fache Sonnenmasse hat. Sein Begleiter, Sirius B, hat zwar immerhin auch 0,9 Sonnenmassen, aber nur 1/300 ihrer Leuchtkraft.

Als im Jahre 1914 der Abstand der beiden Siriussonnen wieder einmal maximal war, konnte man sogar das Spektrum von Sirius B analysieren, der ansonsten hoffnungslos überstrahlt wird. 9000 ° C, heißer als unsere Sonne, weißglühend also und doch nur 1/300 ihrer Leuchtkraft! Winzig mußte er sein, planetengroß nur, und trotzden 90 % der Sonnenmasse in sich vereinen! Welch ungeheure Dichte! 5000-fach schwerer als Platin! 30 Zentner dieser superkompakten Sternenmaterie würden in eine Streichholzschachtel passen! Eine Kugel von etwa Uranusgröße mit solch ungeheurer Stoffdichte! Das Schwerefeld muß unvorstellbar stark sein! 260 Kilometer würde ein frei fallender Körper schon in der 1. Sekunde auf den Siriusbegleiter zustürzen – auf der Erde sind es mal knapp 5m. Das Licht dieser „Weißen Zwerge" kann ihnen dennoch entkommen, sind ja keine „Schwarzen Löcher" schließlich. Aber geschwächt wird es doch, verliert Energie beim Überwinden solch gigantischer Schwerkräfte. $E = h \cdot f$ – die Frequenz muß also sinken, das Licht muß „röter werden vor Anstrengung" im Kampf mit der gewaltigen Gravitation. Klarer Fall. NEWTON hätte gewiß nichts einzuwenden gehabt.

Und doch hat man es post mortem gegen ihn gewendet, diese logische Folge *seiner* Lehre zu ihrer Widerlegung herangezogen in beispielloser Frechheit. Die Einsteinianer interpretierten diese tatsächlich nachgewiesene gravitative Rotverschiebung als glänzende Bestätigung der Allgemeinen Relativitätstheorie, obwohl Rotverschiebungen gemeinhin als Sternenflucht gedeutet werden gemäß Dopplereffekt, um die Urknallthese abzustützen, die Allexplosion mit Hubble zu beweisen - wie man's grade braucht ...

... ich stehe im Dunkeln vor meiner fast weißglühenden Kochplatte, deren Strahlung sich beim Abkühlen über Orange immer mehr in's Rote verschiebt. Die Kochplatte entfernt sich also mit kosmischer Geschwindigkeit...
Na, macht nix, ich hab ja noch den Tauchsieder . . .

DEKOHÄRENTES

Doch was nützen meine naiven Deutungen? Laß ich also lieber noch mal einen Stern 1. Größe aufleuchten: M G M . Nein, nicht Metro Goldwyn Mayer. Das war doch nur so ein amerikanischer Lichtspielonkel, so ein Hollywood – Film – Fuzzi, uuhuuaaaaahh! Ja, genau der mit dem brüllenden Leu im Vorspann. Der MGM, den ich grade lese, *„ist für die 2. Hälfte des 20. Jahrhunderts das, was Einstein für die 1. Hälfte war: der genialste und zugleich einflußreichste Physiker unserer Zeit."* - - - Immer noch nicht? Nun, *„der »Erfinder« der Quarks hat jetzt sein erstes Buch für das allgemeine Publikum geschrieben: DAS QUARK UND DER JAGUAR"* *(Piper, Zürich, 1994)* Ja, Murray Gell-Mann, genau der!

Auf S. 223 stellt ihm Enrico FERMI Anfang der 50-er Jahre immer wieder diese Frage: *„Wenn die Quantenmechanik zutrifft, wieso ist dann der Planet Mars nicht über seine gesamte Umlaufbahn verteilt?"*

Darf ich sie mal durchreichen, lieber Leser? Du gehörst sicher auch zum allgemeinen Publikum und sollst Deine Chance haben. . . . Denkpause . . .

Das folgende also bitte für ein Viertelstündchen abdecken und nicht schummeln!

****

Die herkömmliche Antwort, wonach der Mars zu jeder Zeit an einem bestimmten Ort steht, w e i l   d i e   M e n s c h e n   i h n   b e t r a c h t e n , kannten sie beide, doch erschien sie ihnen zu dumm. Die richtige Erklärung erfolgt über DEKOHÄRENZ – Mechanismen der Hintergrundstrahlung: *„Auch die von der Sonne emittierten Photonen, die am Mars streuen, werden aufsummiert, wodurch sie zur Dekohärenz verschiedener Positionen des Planeten beitragen. Grade diese Photonen sind es, die dem Menschen erlauben, den Planeten Mars zu sehen. Während also seine Beobachtung des Mars den Menschen auf eine falsche Fährte lockt, kann der physikalische Vorgang, der diese Beobachtung ermöglicht, als teilweise Erklärung für die Dekohärenz verschiedener grobkörniger Geschichten der Bewegung dieses Planeten um die Sonne angesehen werden."* Aha.

Die *Dekohärenz* macht also das Rennen, wenn keine Pferdebremse dazwischenkommt. Meine schöne **QUADRO-LUMINAR-ENTITÄT** kann ich wieder mal voll vergessen. Nicht kohärentes oder inkohärentes Licht erleuchtet uns den Weg in´s 3.Jahrtausend – nein, *"dekohärente grobkörnige Geschichten"* lösen die restlichen Welträtsel. DE – KO – HÄ - RENZ. Wird man sich merken müssen . . .

...mit Worten läßt sich trefflich streiten, aus Worten ein System bereiten...
(Goethes Mephisto)

Mach Dir nichts draus, mein lieber Leser.
Ich bin auch nicht mit der Viertelstunde ausgekommen.
Ich hab's immer noch nicht verstanden.
Und die höchstwahrscheinlich auch nicht.
Ob die wissen, was sie schreiben?
Oder sind das etwa GHOSTWRITERGAGS?
Oder einfach nur Übersetzungsfehler?
SOFTWARE - Mucken eines high-tec-bestseller - Schreibprogramms?
Selbstverscheißerungen wie mein REMOTE 1 - Ulk?
Obwohl - der war ja eigentlich nur 'ne Replik auf FEYNMANs offenherziges Eingeständnis begrenzter Zurechnungsfähigkeit alles Natürlichen, geborgte BARROW - Attacke also. Angelsächsischer Humor, gell, Mann?

ZERSTREUTES

Chronologisches aus Stephen HAWKINGS illustrierter Zeitgeschichte
(Rowohlt, Hamburg1997, 41. – 65. Tausend, S. 118 / 119)

1967 bewies Werner Israel mit der ART *(Allgemeinen Relativitäts-Theorie)*, daß nichtrotierende Schwarze Löcher sphärisch sein müssen, also auch nur aus vollkommenen sphärischen Objekten entstanden sein können. *(also überhaupt nicht entstanden sein können, Hirngespinste sind)*
1963 fand Roy Kerr eine Reihe von Lösungen der ART, mit denen sich rotierende SL *(Schwarze Löcher)* beschreiben lassen. *(Einfache Extremwertaufgaben haben mitunter unsinnige Lösungen. Die Zahl der ART-Lösungen ist vermutlich unbegrenzt. Ob da wohl auch Unsinn bei ist?)*
1970 zeigte Brandon Carter, daß SL mit Kreiselachse in Größe und Gestalt nur von ihrer Masse und Rotationsgeschwindigkeit abhängen.
1971 konnte S. Hawking beweisen, daß jedes stationäre SL, welches rotiert, eine solche Symmetrieachse haben muß . . .
1973 schließlich zeigte David Robinson, daß ein solches SL einer Kerr – Lösung entsprechen muß . . .

Fünf Daten, fünf „wissenschaftliche" Glanzleistungen, die Eingang in die Annalen der Physik gefunden haben... Fünf banale Selbstverständlichkeiten!

Wenn unstrukturierte Massen sich gravitativ zusammenballen, müssen sie natürlich Kugelgestalt gewinnen. Rotieren solche Kugeln (um Kreiselachsen, worum denn sonst?!), werden sie natürlich spärisch abgeplattet, wie denn sonst? Daß wir nur über Masse und Rotation (indirekt) etwas erfahren können, weil das Licht gewaltsam zurückgehalten wird und deshalb keine weiteren Informationen liefern kann, ist selbstverständlich, ist altbekannt. (Mitchell 1743, Laplace 1795) Völlig unverständlich, wie man derartiges für bemerkenswert halten kann. Oder sollte die mathematische Ausstaffierung dieser Banalitäten *„ein weiterer glänzender Beweis für die Allgültigkeit der ART"* werden?
David Filkin, der Verfasser des wunderhübschen bunten Bilderbuchs „STEPHEN HAWKINGS UNIVERSUM" schreibt dort auf S. 211:
„Eine seiner Berechnungen ergab, daß der Ereignishorizont sich weitet, wenn das SL Materie verschlingt." Genial! Wenn ich ein Eisbein verschlinge, weitet sich meine Magenwand... Als HAWKINGS Singularitätsberechnungen dann *„am Ereignishorizont verschwammen"*, postuliert er flugs als Ausweg die Unbegrenztheit des Alls, wird für diesen *„genialen Denkansatz"* gefeiert, den er <u>selbst</u> jahrelang verspottet hatte. *(Land nördlich des Nordpols...)* - *„SL als Produkte mathematischer Gleichungen – wenn sie denn gefunden werden, sind sie ein Beweis für die Richtigkeit der ART-Gleichungen, für die Objektivität der Mathematik."* – Idealismus pur plus Anmaßung: SL sind logische Konsequenz schon der

Newtonschen Gravitationslehre – genau wie die Rotverschiebung, die ja ebenso als „Beweis" für die ART herhalten muß...

In 10 hoch 84 Jahren verdampft *(infolge HAWKING - STRAHLUNG)* das Schwarze Riesenloch eines galaktischen Zentrums, nach 10 hoch 760 Jahren *(ganz recht, eine Eins mit siebenhundertsechzig Nullen! Nun heißt es wach bleiben, um sie als Schwindler entlarven zu können)* ist dann auch der letzte Neutronenstern auf dem Umweg über ein BLACK HOLE (SL) verdampft, das Universum wieder *„glatt, wie nach der ersten Hundertstel Sekunde. Die Zeit würde rasen."* - (Ei, warum denn so eilig? Nach 760 Megazillionen Jahren kommt's doch nicht mehr auf ein paar Sekunden an . . .)

A propos glatt. Glatt rasiert ist das SL auch gemäß HAWKINGschem *„Das Schwarze Loch hat keine Haare–Theorem"*. Zwar ist *„das «KEINE-HAARE-THEOREM» von großem praktischen Wert, weil es die Zahl möglicher Arten von SL'n erheblich einschränkt"(DIE ILLUSTRIERTE KURZE GESCHICHTE DER ZEIT, S.120)*, doch hoffentlich kostet es Stephen nicht die Papstmedaille, wenn der dann auch noch erfahren muß, daß die Anregung dazu wahrscheinlich von der frivolen *PENTHOUSE/ PRIVATE EYES–Wette* Hawkings mit Kip Thorne stammt... *(Filkin, S. 210)*

GALILEI schlägt das Buch des Universums auf und liest darin die wahre Philosophie, die dort in mathematischen Zeichen geschrieben steht.

DESCARTES apodiktisches „COGITO" schaut hinter die Konstruktionsprinzipien der Schöpfung, sieht die Welt als Uhrwerk.

BARROW entmachtet Gott, gibt dessen Herrlichkeit seiner Königin: der Mathematik. (die Descartes nur einWerkzeug war)

HAWKING sieht den Menschen als den Grund für das Sosein der Welt. *(Wir sehen das Universum so, wie es ist, weil wir nicht da wären, um es zu beobachten, wenn es anders wäre. Durch Wesen wie uns, die sein Wesen reflektieren können, hat das All sich erfahrbar gemacht und also ideell erschaffen.)* (Das kommt mir irgendwie unheimlich bekannt vor... dem Papst hat's gefallen, so, so...)
DIRAC : *„Die physikalische Theorie muß mathematisch elegant sein."*
GELL–MANN zitiert 1957 **Francis BACON**: *„Es gibt keine vollkommene Schönheit, die nicht auch eine gewisse Seltsamkeit besäße."*

Nicht seltsam, sondern verdächtig eine Theorie, die einer Renormierung bedarf, die die Summe aller Ungereimtheiten mit einer separaten „Ungereimtheitsquantenzahl" quantifizieren und somit eliminieren will, es zugegebenermaßen nicht vermag und dennoch mit ihrer angeblichen Schönheit und Klarheit branzt . . .

Nicht klarer, aber wenigstens ehrlicher R. Feynman, der auf eine Theorie generell verzichtet, sein Heil ausschließlich im Pfeil sucht und es genau deshalb natürlich auch nicht finden kann . . .

Resononen oder Resonanzen (Warum nicht Resonen? Oder gibt's die schon?) entstehen, wenn π–Mesonen (oder Pionen) von 200 MeV an Wasserstoff „gestreut" werden. Keine Spur in der Nebelkammer, da sie in 10^{23} s nur 10^{-13} cm zurücklegen können. (Natürlich mit Vakuumlichtgeschwindigkeit, mag das Plasma auch noch so dick sein... wie war das mit der Brechzahl man noch? Egal...) Jedenfalls hat dieser „intermediäre Zwischenzustand" exakt die „Masse" 1237 MeV, die aus der Halbwertsbreite der Resonanzkurve, der Unschärfe sowie Impuls- und Energieerhaltungssatz folgt...

    1973 -   53 Elementarteilchen
    1984 - >400   „
    heute - ????   „

Protonen und Neutronen sind von Pionenwolken umgeben. Pionen können sich aber in Nukleon – Antinukleon – Paare verwandeln (wie die Elektron – Positron – Paarbildung aus γ – Quanten).

HALLO ! Überall sind Protonen und Neutronen, überall also auch Pionenwolken! Ach ne, das waren ja *My*onen beim RT – Beweis. Schade! Ob dazwischen dann nicht wenigstens ein paar Myonen rumwuseln? Vielleicht sind Myonen sogar „intermediäre Pionenzustände"! Wann wohl rauskommen wird, daß Baryonen auf virtuellen Myonenwolken schweben...

LEIBNIZ, der trotz vieler Hinweise auf kleinste Teilchen glaubte, daß *„sie alle eine Welt voll mit einer Unendlichkeit verschiedenster Geschöpfe enthalten müßten",* hielt die Vorstellung vom Atom als dem kleinsten Unteilbaren für eine verhängnisvolle Selbsttäuschung: *„Atome sind die Auswirkung der Schwäche unserer Vorstellungskraft, denn sie ruht sich gern aus und beeilt sich deshalb, durch Unterteilung und Analyse zu einem Schluß zu kommen; dies ist in der Natur, die aus dem Unendlichen kommt und in's Unendliche geht, nicht der Fall. Atome befriedigen nur die Vorstellungskraft, schockieren jedoch die höhere Vernunft."*

HALLO ! *D a s* ist sie also , die vielzitierte Monadenlehre BRUNOs, die LEIBNIZ laut BRUNHOFER abgekupfert hat! Und sogar in deutsch! *„...mit einer Unendlichkeit verschiedenster Geschöpfe enthalten müßten."* Das ist doch aus meinem Traum von 1959, als ich die halbe Nacht in meinem Jugendweihegeschenk „WELTALL – ERDE – MENSCH" geschmökert hatte und nicht einschlafen konnte und das auch überhaupt gar nicht wollte! Wie kommt LEIBNIZ dazu, meinen Jugendweihetraum zu veröffentlichen? Oder stand das *s o* auch schon bei BRUNO? Ich dachte immer, BRUNO hätte seine Idee mehr so „nach oben" ausgesponnen . . . Mein verfluchtes, armseliges Scheiß – Schul – Latein! Dr. jur. Brunhofer hat das sicher noch richtig gelernt, bevor er sich an die Bewahrung von BRUNOs Erbe machte... vielleicht hab ich sogar Giordano Brunos ORIGINAL in

meiner Hand gehabt damals in der Wissenschaftlichen Allgemeinbibliothek am Schweriner Domplatz ... Gewaltig! Und das hat GOTTFRIED WILHELM LEIBNIZ im 17. Jahrhundert publiziert, nachdem er „*Jordanum Brunum gar fleißig studiret"* hatte!
   In meinem „Heiligen Vermächtnis" nutzte ich alle Quellen, um Giordanos Verdienst gehörig herauszustreichen, wie sich das für einen ehrerbietigen Nachruf gehört. Und jetzt, wo alles zu spät ist, find ich dieses Leibnizzitat in deutscher Sprache mit meiner Idee. Meiner Idee? Wer weiß, wer die sonst noch hatte! Und ich glaubte, diese ganzen Mathematiknarren kommen da eh nicht drauf. Beantragte „aus Spaß" Urheberschutz für meine Matroschkamarotte! Was mußt Du nun von mir denken, mein lieber Leser!
   Egal! Wer A sagt, muß auch B sagen. Es ist eine Perle, dieses Leibnizzitat, soviel steht fest.

Sydney Smith : „*Wenn ich einen Menschen von einem unwandelbaren Gesetz reden höre, bin ich davon überzeugt, daß er ein unwandelbarer Narr ist."*
HALLO , Sydney, old fellow, nice to meet you !

„*Quantenfelder manifestieren das Wahrscheinlichkeitselement, das in Übereinstimmung mit dem Heisenbergschen Unschärfeprinzip durch unsere Messung hineinkommt."*
Messung bedeutet Strahlung, ist also „unscharf", „verschmiert", von „schleierhafter" Natur. Elektromagnetische Strahlung ist überall, das Vakuum als schlichtes Nichts ist quantentheoretisch unhaltbar, weil es zu eindeutig, zu bestimmt ist. Es hat nach Heisenberg unbestimmt zu sein, virtuell (statt manifest?).
   In definitiv (!) unbeobachtbaren Zeitintervallen erzeugen und vernichten sich Un-mengen nicht-meßbarer Teilchen – Antiteilchen – Paare gegenseitig fortwährend. Dieses beliebig dichte virtuelle Quantengewimmel ist per definitionem das Quantenvakuum. **BELIEBIG DICHTES VAKUUM!**
Nur durch äußere (Meß!)-felder kann zuweilen die Paar-Zerstrahlung aufgehalten werden, die (ansonsten) virtuellen Vakuumbewohner dingfest gemacht, überführt, nachgewiesen, g e m e s s e n werden – ob man da nicht vielleicht die kondensierte (materialisierte?) Meßfeld*energie* mißt?!
DAMIT WÄRE DIE GESAMTE QUANTENFELDENERGIE EINE GIGANTISCHE SELBSTTÄUSCHUNG !!!
U n b e d i n g t genaueres über quantenmechanische Meßverfahren in Erfahrung bringen ! ! !
(Bei diesem guten Vorsatz ist's dann leider auch geblieben...)
            (undatierter Kladdezettel)
 . . . werfen sich Mond und Erde lauter kleine Gravitönchen zu oder entreißen sie sie sich gegenseitig? (par distance? – Fernwirkung also doch?!) ... augenblicklich oder mit (Über)lichtgeschw.? Oder über lauter unmittelbar

benachbarte virtuelle Zwischenmassen, intermediäre Quantenfeldpartikel?, die das All kontinuierlich erfüllen, aber durch den Gravitonenaustausch vermittelt so geschwind zwischen Materie und Antimaterie fluktuieren, daß sie (leider? – nein, gottseidank!) deshalb nicht gemessen werden können (müssen!). [Selbst das „Durchreichen" in „Gravitoneneimerketten" (Trümmerfrauen 1945) ermüdet (wie FEYNMANs „Bohnenzählen"!), aber erklärt nichts.]
Schließlich kommt das Austauschteilchen (wie auch immer) beim Wechselwirkungspartner an. Na und? Der reklamiert, weil er's eigentlich nicht braucht, hat ja selber genug davon, das Quantenvakuum ist ja gerammelt voll. Retoure geht's, die Post verdient. Wer bezahlt?
..... Handel als Warenaustausch, Bedürfnisspannungen werden abgebaut, Triebkraft erkennbar. Ladungsausgleich, Elektronenfluß vom Ort des Elektronenüberflusses zum Ort des Elektronenmangels.
Kein Unterschied, kein Ausgleich.
Kein Gefälle, keine Strömung.
Keine Potentialdifferenz, kein Strom.
Kein Bedarf, kein (Austausch)handel, kein Markt, kein Feld.
Wo steckt eure Bedürfnisspannung, zum Donnerwetter!
(Entschuldigung, das steht hier so.)
... (sinnloser!) Austausch von Trägerteilchen (TT) vermittelt Kraftwirkungen, deren Reichweite ~ der de Broglie-(Materie)wellenlänge dieses TT, die ~ 1/m. Folglich vermitteln masselose Photonen und Gravitonen unendlich weit reichende Kräfte. . . masselose Gravitonen dürfen als Gravitationswellen über riesige Distanzen „verschmiert" sein, gleichzeitig(!) an Sonne und Saturn angreifen und so die unverzögerte, mit Überlichtgeschwindigkeit(!) funktionierende Fernwirkung der real existierenden Gravitation „vermitteln", „tragen". Der (ausgedachte!) „Austausch" dieser Mittlerteilchen erübrigt sich also, die Fernwirkungsfurcht war unbegründet, die Wechselwirkungsmasche umsonst gestrickt ...
Newtons Fernwirkungsbauchschmerzen
mit Heisenbergs Unschärfepillen geheilt!   H U R R A ! ! !
„Die neue (Glasham – Salam – Weinberg) Theorie sagte eine Reihe subtiler, aber meßbarer Effekte voraus, z. B. Streuung von Neutrinos an Neutronen ohne Umwandlung der beteiligten Partikel."
Ich kann und will nicht wissen, wie man die Spuren der Neutrinos findet, wenn sie sich nicht durch Interaktionen mit, Umwandlungen in aufspürbare Teilchen verraten. Ich will nur kurz daran erinnern, daß die Neutrinos diejenigen waren, die durch lichtjahredicke Bleischichten als „Unberührbare", „Unnachweisbare" geistern . . . ganz schön „subtile" Meßeffekte, weit unterhalb der „Verschmiertheit" und „Unschärfe" messerscharf nachgewiesen ... Oberwasser für Eichsymmetriker, *d a m i t* wie wild weiterzurechnen, bis ein System gefunden wird, das diesmal vielleicht nicht wieder nur völlig unsinnige Resultate liefert ...   **C U I   B O N O ?**

... EINSTEIN formuliert die <u>allumfassende</u> Relativität, die nicht einmal das Licht miteinzubeziehen vermag...

.... wenn der Lichtstrahl seine Quelle verläßt, betritt er den unendlich starren, unbeeinflußbaren Äther, den seine Ausbreitung erfordert und der sie bestimmt und dem die Quelle egal ist, der für die Quelle nicht existiert. Dieses für alle elektromagnetischen Wellen nötige „Fluidum" MAXWELLs, der daraus seine Gleichungen sog, dieses Medium, das <u>zugleich</u> unendlich starr gekoppelt und leicht durchdringlich sein mußte, diese überflüssige Flüssigkeit unendlicher Härte wurde sofort verworfen, nachdem es seine Schuldigkeit getan und an der unlösbaren Aufgabe gescheitert war, den Raum so auszufüllen, daß das passierende Licht seine unvereinbaren Bedingungen erfüllt sieht. Was FRESNEL, LORENTZ, POINCARE ... nicht wagen – er tut´s: Er zerschlägt die Wanne, weil dem Kinde das Bad gleichzeitig zu heiß und zu kalt ist. Zerschlägt die Partei, um den Austritt des unberechenbarsten und unzuverlässigsten Mitglieds zu verhindern.

... Merkur – Periheldrehung, gravitative Lichtablenkung... lassen sich mit diesen Tensorgleichungen beschreiben, die trotz ihrer Widerspenstigkeit *(selbst Grossmann hat sich zunächst jahrelang vergeblich mit ihnen abgeplagt!)* und Komplexität von Einstein als „zauberhaft einfach" bezeichnet werden ? ? ?

Sicher beschreibt auch die van der Vaal´sche Zustandsgleichung reale Gase genauer als das Boylesche Gesetz *(das schließlich ja auch nur für ideale Gase gilt)*. Ist sie deshalb einfacher und schöner und zauberhafter?
Hat van der Vaal deshalb gleich die Begriffe DRUCK und VOLUMEN weggeschmissen?

Wenn die Massenverteilung die Raum – Zeit – Struktur bestimmt, die Gravitation erübrigt, einem die lästigen Fernwirkungskräfte *(mittels <u>mindestens</u> ebenso belastender Austauschteilchen!)* vom Halse hält, könnte man in Analogie ja auch gleich die Quantenmechanik zum Aushebeln der elektromagnetischen Kräfte benutzen: Die Ladungsverteilung determiniert die Struktur des Mikrokosmos, der Raum zwischen den Orbitalen wird nicht nur zur verbotenen Zone mit Aufenthaltswahrscheinlichkeit O für Elektronen, sondern gleich zum *Un–Raum*, die Aufenthaltsdauer während der Quantensprünge zur *Un–Zeit* erklärt. Wo keine Raumzeit ist, kein Zeitraum währt, kann sich natürlich nichts befinden, nichts verweilen ...

Die subnukleare Struktur wird durch die Quarksanordnungen bestimmt – YUKAWA-Austauschkräfte erübrigen sich!
HEINRICH HERTZ´s KONZEPT EINER KRÄFTEFREIEN PHYSIK WÄRE SCHLÜSSIG !
...die ART ist also ein mathematisch-sophistisches Konstrukt zur Verleugnung der unerklärlichen und dadurch lästigen Gravitationskraft. Inkonsequent insofern, daß sie nicht Felder und Kräfte gleichermaßen eliminiert. Der eben nur quantitative Dimensionsunterschied entkräftet nicht die Analogie zwischen Gravitationsgesetz und Coulombschen Gesetz.

Die relative Dielektrizitätskonstante ε_r berücksichtigt die stoffliche Erfüllung des Raums zwischen den Ladungen. Die relative Gravitationskonstante γ_r berücksichtigt die Konzentration von Antimaterie zwischen den Massen.
(Außerdem erübrigt sie die peinliche kosmologische Konstante und allerlei andre krampfhafte Klimmzüge . . .)
Das ist mein bescheidener Beitrag zum Gravitationswellenjahr. Tschühüs!

LICHTENBERG nannte das elektrische Kraftgesetz allgemeiner, weil es auf das menschliche Verhalten angewandt werden kann : Personen, die sich einst als ungleichnamig heftig angezogen haben, stoßen sich oft ab, nachdem sie gleichnamig geworden sind.

„Andere nennen es schlafen. Du nennst es philosophieren" spottete mein Sohn Volker neulich, als ich in der Hängematte zwischen unseren beiden Boskoppbäumen über die Struktur der nächsten Kapitel nachsann.
Wenigstens etwas, in dem ich dem großen ED WITTEN gleiche . . .
Seine Begeisterung über die STRINGTHEORIE vermag ich nicht zu teilen.

DAS RÜCKGRAT DER NACHT,

wie die !Kung-Buschmänner Afrikas den zarten Lichtstreif am nächtlichen Firmament nennen, wurde von den sumerischen Ureinwohnern Babyloniens als Himmelsschlange angebetet, von den Ägyptern als *"himmlischer Nil"*, von den Chinesen als *"Silberstrom"*, der himmlischen Fortsetzung des Jangtsekiang, verehrt und von den alten Germanen als *"Pfad von Wotans Wagen"* gesehen. Bei uns heißt er Milchstraße und ist ein galaktischer Strudel aus etwa 400 Milliarden Feuerkugeln, Sterne geheißen, Sonnen allesamt, ihrerseits umkreist von wenigen oder vielen, mehr oder minder weit entfernten und also erwärmten Begleitern, Planeten geheißen.

Dieser Sternenstrudel nun dreht sich in 250 Millionen Jahren einmal um sein Gravitationszentrum, welches Schwarzes Loch heißt, weil es mit seiner ungeheuren Anziehungskraft sogar Lichtstrahlen festhält, so daß diese dann nicht mehr in unsere Augen gelangen können. - Aus gebührlichem Abstand betrachtet sähe unsere Milchstraße wie ein gigantischer Badewannen-Schaumstrudel, wie ein Sylvester-Feuerrad aus - für Wesen, denen unsere Jahrtausende Mikrosekunden sind... Zwanzig solche Spiralgalaxien bilden unsere Lokale Gruppe - eine kleine, nur zwanzig *Millionen* Lichtjahre breite Insel im ansonsten unendlich öden, weithin nahezu leeren All. - Der etwa 20 *Milliarden* Lichtjahre tiefe Teil des Kosmos, den wir mit unseren Teleskopen bereits überblicken, ohne seine Natur durchschaut, sein Wesen begriffen zu haben, enthält nun aber etliche hundert Milliarden Galaxien, deren jede etwa hundert Milliarden höchstwahrscheinlich planetenumkreiste Sonnen enthält. Unsere Sonne hat derer neun - Merkur, Venus, Erde, Mars, Jupiter, Saturn, Uranus, Neptun und Pluto mit mythologischem Namen.

10^{11} Galaxien mal 10^{11} Sonnen mal nur 2 Planeten pro Sonne macht 20 Trilliarden Planeten in unserer Allgegend, jeder neunte vielleicht bewohnt... Aber selbst wenn sich nur auf jedem zwanzigtausendstem Planeten organisches Leben entwickelt haben sollte, wenn wirklich nur ein einziges von jeweils zwanzigtausend Saatkörnern aufgegangen sein sollte, wären das immerhin noch Trillionen bevölkerter Planeten. - - -

Ob deren wie auch immer gearteten Bewohner voneinander ahnen?

Ob sie technisch schon so weit sehen wie wir und sich dennoch für einmalig halten, ihren Planeten für die einzige Oase im unendlich öden Sternenmeer, ihren Stern für die einzige „richtige" Sonne, ihren Urknall für die einzig mögliche These?

Ob sie sich auch fortwährend zanken und ihre Planeten verwüsten, statt sie gemeinsam gemütlich einzurichten?

Ob sie sich auch Schöpfer geschaffen haben, auf die sie dann alle Verantwortung für ihr Dasein und Sosein und Ebensohandeln abwälzen können?

Unseren Planeten hält augenblicklich ein einziger waffenstarrender, größenwahnsinniger texanischer Trottel in seiner Gewalt... er kommt aus

„*Gottes eigenem Land*"... 49 Sterne prangen bereits auf seinem Banner... Milliarden unmündiger, ohnmächtiger Menschenwürmer aber kriechen vor ihm auf dem Bauche, buhlen um seine Gunst... Wie sich wohl extra-terristische Zivilisationen emanzipiert haben?... Schade, daß wir's wohl nie erfahren werden. Unauffindbar und unerreichbar nämlich sind uns all diese außerirdischen Welten. Selbst zu unserer Nachbarsonne Proxima Centauri in „unserem" Spiralarm der Milchstraße sind es 4,3 Lichtjahre. Das Licht, welches 300 000 km in einer einzigen Sekunde durcheilt, braucht für die 150 000 000 km von der Sonne zu uns immerhin acht Minuten. Wie weit kommt es in vier Jahren? Wie lange bräuchten *wir* für diese astronomische Entfernung... Interstellare oder gar intergalaktische Kommunikation wird deshalb wohl leider ein unerfüllbarer Wunschtraum bleiben... Wenn uns doch wenigstens internationale oder gar interkulturelle Verständigung gelänge...

„*Weißt Du, wieviel Sternlein stehen an dem großen Himmelszelt?*" singen wir mit unseren Kindern zur Nacht. 6800 mit bloßem Auge trennbare Himmelslichter hat man gezählet. Etwa 3000 zauberhaft funkelnde Brillanten auf unserer Hälfte der tiefschwarzen, unendlich geheimnisvollen Sternenkuppel sind in frostklaren, mondlosen Winternächten bei rundum freiem Horizont zu unterscheiden - wenn nichts dazwischenkommt. Schauen wir in Ehrfurcht hinauf und werden uns des seltenen Glücks bewußt, daß unser unvergleichlich schöner himmelblauer Heimatplanet akkurat den richtigen Abstand zu unserer lieben Sonne hat. Geben wir ihm und uns eine Chance! Friede auf Erden und den Menschen ein Einsehen.

Übrigens bräuchten wir 5 Erden, wenn jeder Erdenbürger soviel Naturgüter beanspruchen würde, wie jeder US-Bürger . . . Übrigens kostet der Kriegseinsatz eines Bush-Kriegers täglich 100 000 \$. 50 c nur würde die Erhaltung eines Kinderlebens in den von den USA durch "Globalisierung" ausgeplünderten Entwicklungsländern täglich kosten . . . Übrigens kommt Mars der Erde am 27. August 2003 so nahe, wie seit 60 000 Jahren nicht mehr und erst wieder am 29. August 2287 . . . Wenn die Menschheit den "ähmerrikänn way of fight" beschreitet, wird das dann aber wohl niemand mehr beobachten können...

UNSERE MILCHSTRASSE

sei aus Spaß mal ein Probepartikel unter dem gigantischen Mikroskop hypothetischer Überwesen. Voller Stolz haben die bereits herausgefunden, daß unsere Galaxis eine Feinstruktur aufweist, aus vielen hochenergetischen „Sonnen"teilchen und noch viel, viel winzigeren Subminiatur- „Planeten"quarks besteht, die untereinander durch rätselhafte Bindung zu Hyperfeinstrukturen verknüpft sind. Die Schärfe ihrer Instrumente reicht sogar aus, einen dieser „Planeten" etwas genauer unter die Lupe zu nehmen, meinetwegen unsere Erde.

Ihr erster Monopolstrahl trifft die Taiga bei Tunguska, der zweite Probejet taucht eine IHRER Sekunden später in unseren Ozean bei Atlantis, wird weich geschluckt, liefert nur einen ganz schwachen Auftreffimpuls.

„*Planeten sind Partikel, die im Sekundentakt zwischen festem und flüssigen Zustand fluktuieren.*" schreibe SIE in ihr Meßprotokoll.

Wenig später gelingt es IHNEN, Gravitationswellenpulse scharf zu bündeln und im Mikrosekundentakt zu emittieren. Diese treffen uns im Halbjahresrhythmus, winters auf Eis oder Festland, sommers zumeist in's Wasser, werden dann weich reflektiert wie Seilwellen am losen Ende.

„*Die Fluktuationsfrequenz der „Planeten" zwischen ihren beiden Materieformen beträgt exakt eine Mikrosekunde. Das ergaben jüngste Messungen mit unserem neuentwickelten Gigagalaktischen Gravitationswellengenerator.*" korrigieren SIE gewissenhaft.

Daß SIE unsere klimatisch und molekularkinetisch bedingten Aggregatzustandsänderungen durchschauen, wäre wohl zuviel verlangt. Man kann ja von uns auch nicht erwarten, daß wir mit Gravitationswellenimpulsstrahlern IHRE Makrostrukturen analysieren und überblicken, unsere **obere** Unschärfegrenze überspringen. Unsere untere (Heisenberg'sche) Erkenntnisgrenze beschränkt uns auf Aussagen wie: „*Im Picosekundentakt fluktuiert das Quantenvakuum zwischen seiner stofflichen Materieform (Elektron – Positron – Paar) und seiner Feldform (γ - Quant).*"

Danke, das reicht.

Genauer wollen wir's nicht von euch wissen,
weil auch ihr es gar nicht genauer wissen könnt.

(Wahrscheinlich ist sogar schon euer Quantenvakuum reine Spinne, Formelrettungsanker.) Daß es gar nicht genauer geht, haben unsere Stringtheologen ja schon aus Versehen zugegeben: „*Alle Elementarteilchen sind nur verschiedene Schwingungszustände eines einzigen universellen Superstrings.*" Alle bisher mühsam auseinanderklabüsterten „Teilchen", für deren „Entdeckung" sie sich jahrzehntelang gegenseitig dekoriert hatten, sind neuesten Berechnungen zufolge nur noch Erscheinungsformen, verschiedene energetische Phasen e i n e s den Mikro- und Makrokosmos

gleichermaßen umfassenden Superstrings, den sie *„aus irgendwelchen Gründen vorziehen"*, aus irgendwelchen Gleichungen hervorziehen . . .
Das mit trilliarden Protonenmassen nahezu bakterienschwere Monopol nur ein anderer „Schwingungszustand" des Photons, dessen „Ruhmasse" man bis vor kurzem noch hartnäckig geleugnet hatte ! ! !
Daß ein wachgeküßter Frosch zum Prinzen mutiert, mag ja angehen.
Daß ein gehörig angeregtes Sandkorn sich zum Empire State Building aufbläht, scheint mir ein wenig übertrieben - auch wenn *„es sich noch so gut rechnet"*.
Unterscheidbare Planeten gibt es. Sie umkreisen ihren „Kraftmittelpunkt", ihr „Centralfeuer". (Giordano BRUNO, 1 5 8 4 ! ! !) Ununterscheidbare Photonen gibt es. Sie marschieren vorzüglich im Gleichschritt, hauen in eine Kerbe, kooperieren prächtig. (Nath BOSE, 1924) Deshalb lassen sich BOSONEN scharf bündeln und vollbringen, solcherart zum LASER – Strahl organisiert, wahre Wunder. (SVZ von heute, 16. 05. 2000: An der Charité zerstört man Krebs-Metastasen mit Laserlicht.)
Elektronen gibt es. Sie verabscheuen und meiden einander, konkurrieren miteinander, gehorchen dem PAULI–Ausschließungsprinzip, sind FERMI-ONEN (nach Enrico FERMI). Doch selbst fermionische Elektronen können sich unter Umständen (in der Nähe des absoluten Nullpunkts, wo keine chaotische Wärmebewegung ihre heimliche Annäherung stört) zu quasi-bosonischen Copper–Elektronenpaaren finden und nun gemeinsam die ansonsten unerklärliche Supralleitung zustandebringen, einen praktisch widerstandsfreien Stromfluß, auch technisch und wirtschaftlich hochinteressant und also nützlich.
Nähmaschinen gibt es. Wer viel von Hand nähen mußte, weiß sie zu schätzen. Mein Opa, ein Schneidermeister, war sein Lebtag der unumstößlichen Überzeugung, der felsenfesten Gewißheit, daß einzig und allein die Nähmaschine eine „richtige" Erfindung sei – alles andere seien nur Ableitungen, technische Weiterentwicklungen, allesamt von der Nähmaschine irgendwie abgekupfert. Eine fixe Idee. Je unhaltbarer, desto unerschütterlicher. War mein Opa Gustav der erste Stringphilosoph? Von ihm hörte ich schon als Knabe die **Erste Allumfassende Theorie...**
Theorien. Theorien für alles. Das ist nicht neu. Ατομοσ - das Unteilbare. Mit dieser Idee vom unteilbaren Grundbaustein aller Materie war Leukipp seiner Zeit 2400 Jahre voraus. Einer A n n a h m e , weit entfernt von jeder praktischen Bestätigung oder Widerlegung . . .
Könnten Green, Schwarz und Witten mit ihrer Stringtheorie ihrer Zeit nicht auch voraus sein? War Einsteins Relativitätstheorie überhaupt eine zulässige Annahme? War Pater Lemaitres Urknallidee wenigstens eine D e n k m ö g l i c h k e i t ? 1905 wurden Raum und Zeit über Bord geschmissen. Der Seemann schmeißt die See über Bord seines Schiffchens, weil er den Seegang nicht versteht, erklärt sie zur *"hartnäckigen Illusion"*...

Wenn tatsächlich häufige Elemente wie Kohlenstoff und Sauerstoff theoretisch seltene Glückstreffer sind, taugt die Theorie nichts. Wenn zu ihrer Erschaffung mythische Mächte eingreifen, durch übernatürliche Intervention eine „Feineinstellung" der universellen Naturkonstanten vornehmen müssen, zeigt das ihre Hilflosigkeit, Haltlosigkeit. Wer hält sie wider alle Vernunft aufrecht ?

Ein elastischer Strang (STRING) würde zwar die bis zu einem gewissen Abstand stärker werdenden Kernbindungskräfte modellieren können, vor den übrigen Naturkräften aber versagen, welche mit dem Quadrat des Abstands abnehmen.

Leukipps Vermutung hing seinerzeit zwar ebenso in der Luft, hatte aber Möglichkeit, Wahrscheinlichkeit, Natürlichkeit und logische Schlüssigkeit für sich. All das geht Relativitätstheorie, Standardmodell und Stringthese ab. Ihre Grundannahmen sind unannehmbar, weil sie widersprüchlich, unlogisch und hochgradig gekünstelt sind, nur sich selbst genügen wollen.

Während fruchtbare Theorien immer die Praxis als Ziel im Auge behalten, entziehen sich diese raffiniert jeder praktischen Überprüfung, verschanzen sich hinter sophistischen Scheinbeweisen, formalmathematischen Spitzfindigkeiten und anthrophisch – teleologischen Selbstgefälligkeiten. Die Wissenschaft, die sich in jahrhundertelangem Ringen schon weitgehend von der theologischen Bevormundung befreit hatte, läßt sich jetzt wieder willenlos vor den Karren der Kurie spannen, zum Mystifizieren mißbrauchen...

Warum ich denn genauso rumspinne mit meinen kosmischen Milchstraßenkehrern? Nun, mir ist halt nichts besseres eingefallen. Es sind natürlich ebenso haltlose Spekulationen, Persiflagen eben. Ich glaube, daß man drastische Vergleiche braucht, sowas auf die Spitze treiben muß, um die Sinnlosigkeit transparent machen, die „Theorie" als haltlose Spekulation entlarven zu können. Und die Entlarvung der Urknalltheologen und Wurmlochspekulanten samt ihrer willfährigen Rechenknechte ist mein Ziel. Ich will zeigen, daß sie spinnen und für wen sie spinnen, Stroh zu Gold.

Cui bono? Wem nützt es? Wer hat ein Interesse daran, daß die von Giordano BRUNO 1584 mutig zerschlagene kristall'ne Fixstern – Käseglocke durch eine superelastische, aber ebenso in sich selbst zurückgekrümmte, allseitig abgeschlossene hochmodische Geometriefolie ersetzt wird? Darunter staut sich schon wieder derselbe unerträgliche mittelalterliche Mief, mit dem dieselbe Kurie in Jahrhunderten Tausende Freigeister erstickt hat . . .

Remote 1 *PM*

☯ ♌♐♋♎♎♐♎♎♎ @
♏☯ ♑ ♐ ☺😐☹ @!
♏♍☯ ⚡ॐ●ॐ♐ @!!
♎♎↗☯ 🕯♎♎ @!!!👉ॐ📖ॐ✍

♓👍♓↗🌍☯ ☪ 💣 ☠ 💧 👉@✌

\# $1q^{*}+q^{\circ}\div mp^{\cdot\cdot}$ **(I)** $mp^{\cdot\cdot}=\textrm{¿}mqĐ\times mq^{-a}$! **(II)** $@@^{-a}\div\textrm{½}a^{2}q^{-1}$!!! **(III)**

\# $\grave{a}\times\hat{a} = \left(\ddot{e}\textrm{-}\grave{e}\times @\ Đ¥^{3} \pm 🌍 \right) ®\textrm{¡}!\textrm{¡}$ **(1)**

$♐@^{2}$ $\{ ¥ï \times [1-(mq^{\cdot\cdot 3}-mp^{\cdot\cdot\cdot 2})] / (¾ppm)^{-3}\} = \underline{\ddot{¥}}$ **(2)**

\# $ppm = 1/mmq^{\cdot\cdot\cdot} \div\div\div$ $@^{-3}\textrm{¡}$ \\\\   **(4)**

$qqm = ¢\pm c^{\cdot\cdot} (ÿ'\times 1/\ddot{e})\div @^{3}$! ⛈   ¿Ï´?# 1∧Ï = E² = (p² × c²) + m² c² c²

E = p × c (¿ m = 0 ?)!   ➔ 🔁 $π®^{2}Q^{3}\times 1/¢ = M = n\cdot h/e =>$ Ç   **(3)**

\#\#\#\#\# [E] = eV ÷÷÷ [m] = eV/c² ÷ {®¹'}÷ÿ¨¨¨÷qqmpp´´Z` \#\#\#\#\# xx``Z⏚ [¥] = ē V(pp)ª / ½â(ç³ê¡ê) = ppm*m*mqq

➔ α:=1/137,0359895, wie man leicht sieht.   **(10)**

KOMMENTAR ZU REMOTE 1 PM

Die von Richard FEYNMAN 1982 beklagte Unmöglichkeit, die Feinstrukturkonstante α explizite errechnen zu können, ist endlich überwunden. Am 08. 05. 2000 gegen $0^{3°}$ Uhr MEZ warf mein PC 386 XT das vollständige α − Anaklyptogramm aus, nachdem ich ihn geduldig und systematisch mit allen erforderlichen 386 Randbedingungen von c=299792458m/s über Mp:Me=1836,152701 bis e = 16021,7733 / 10^{23} C gefüttert hatte. Dieser im Faksimile vorstehende Beleg ist zugleich auch der lange vergeblich gesuchte Beweis des epochalen BARROW − Postulats, demzufolge *„die Naturgesetze nur eine Art Software sind, die auf der Hardware WELT läuft".*
  Ein Meilenstein der Wissenschaftsgeschichte zum Jahrtausendauftakt! Damit nicht genug. Auch das bisher zu recht bedauerte Manko der Quantentheorie, *„nicht über die einfache Klarheit und ästhetische Faszination der ALLGEMEINEN RELATIVITÄTSTHEORIE sowie deren philosophische Attraktivität zu verfügen"* ist endlich behoben. Betrachtet man die erhabene Schönheit und Supersymmetrie der Gipfelkonklusionen (3) und (4) sowie die stringente Evidenz des Schlüsseltensors (1) im Kontext der genial verdichteten Ausgangsaxiome (I, II und III), fällt es schwer, spontane Begeisterungsausbrüche zu meistern.
  Quasi als Nebenprodukt fällt auch die noch 1995 von dem renommierten Austin / Berkeley / Cambridge − Gremium für in absehbarer Zukunft unerreichbar gehaltene pp-Quark − Z-Bosonen − Transformation ab − ganz einfach dadurch, daß ich den revolutionären Schritt gewagt habe, von einem kontraimplementären xx``-Austauschteilchen−Biplett auszugehen. (vorletzte Zeile) Der Weg zu Sneutrinos, Higgsinos und elektroschwachen Quarknuggets ist frei! Selbst das am Valentinstag 1982 beinahe entdeckte Dirac'sche Monopol M = n · h / e kann sich nun nicht länger verstecken − in Zeile (3) habe ich es unwiderruflich an das Licht der Öffentlichkeit gezerrt. (Bis zur Patenterteilung und Nobelpreisverleihung natürlich noch unter seinem Pseudonym Ç {[alt] 128}, haben Sie bitte Verständnis!)
  Daß der Milchstraßenlinksdrall unseren Globus samt seiner Passate bis hinunter zum Badewannenabflußstrudel determiniert, nimmt uns plötzlich nicht mehr Wunder − diesen signifikanten supersymmetrischen Software− Spin (SSSSS) prägte dem Hardware−All schon beim Ur−Knall der uns aus anderen Zusammenhängen bereits bestens bekannte BARROW−Spinor @ auf.
  Wie eigentlich alle wirklich großen Entdeckungen der Menschheitsgeschichte scheint auch meine Feinstrukturkonstantenanaklypse schon lange in der Luft gelegen zu haben. Aber erst mal drauf kommen! Die Menschheit sollte sich deshalb nicht lumpen lassen und mir endlich den wohlverdienten Nobelpreis zuerkennen.

YALIS

Nachtrag, 6. 6. 2000: Du bist ein Glückspilz, lieber Leser! Nun kann ich Dir doch noch ein herrliches Abschiedsgeschenk machen, Dir eine prachtvolle Perle durchreichen, die ich soeben gefunden habe. Grade noch rechtzeitig, kurz vor Redaktionsschluß, als ich entnervt das „einschlägige Literaturstudium" schon aufgegeben hatte und meine Sachen wegräumen wollte, fiel mir durch eine glückliche Schicksalsfügung eine winzige Broschüre in die Hände, ein Bändchen, das Bände wert ist und uns reichlich für alle Mühsal entschädigt:
DAS ALL, DAS NICHTS UND DIE ACHTERBAHN
von **HANS CHRISTIAN VON BAEYER** *(Rowohlt, Hamburg 1997, 14,90 DM, die sich wirklich lohnen)* - Der Stil ist so brillant, daß Auslassungen und Kommentare sich verbieten, ich große Passagen zitieren muß und das Ganze reinen Gewissens empfehlen kann.
Leseprobe:
*Noch nie hat jemand ein Yali in freier Wildbahn gesehen. Auch sonst ist es noch nicht beobachtet worden – obwohl das Yali, würde es sich zeigen, kaum zu übersehen wäre. Schenkt man dem Kartographen und Naturforscher Gervasius von Tilbury aus dem 13. Jahrhundert Glauben, so besitzt das scheue Geschöpf den Körper »****eines Pferdes, die Kiefer einer Ziege, den Schwanz eines Elefanten, Hörner von einer Elle Länge, von denen das Tier eines nach hinten legen kann, während es das andere zum Angriff nach vorn richtet, sowie die Fähigkeit, sich gleichermaßen zu Wasser wie zu Lande fortzubewegen«****. Auf seiner Weltkarte siedelte Gervasius das Yali in Indien an, das man irgendwo in Asien vermutete, ganz in der Nähe vom Garten Eden. - Vor die Aufgabe gestellt, unerforschte Erdregionen abzubilden, bevölkerten Gervasius und andere Kartographen des Mittelalters ferne Erdteile und entlegene Meere mit Drachen, Einhörnern und noch exotischeren Fabelwesen wie eben dem Yali, eine Praxis, die auf die tiefe Angst des Menschen vor der Leere in Momenten der Begegnung mit dem Unbekannten verweist. Drachen und Einhörner, sogar Yali, sind nicht so beunruhigend wie die riesigen Weiten unerforschter Gebiete, die man durch weiße Flecken wiedergeben müßte. So fühlt der Mensch den Drang, solche leeren Räume zu bevölkern, die Dunkelheit zu zähmen.*

Heute liegen die weißen Flecken auf der Karte des menschlichen Wissens weit jenseits von Indien und den Antipoden, jenseits des Mondes und der Sonne, in den Tiefen dessen, was wir so sinnig Weltall nennen. Bei der Erforschung dieses Gebietes sind die Astronomen auf ein beunruhigendes Rätsel gestoßen. Wie sie festgestellt haben, gibt es Anhaltspunkte für die Existenz riesiger Mengen unsichtbarer Materie von völlig unbekannter Beschaffenheit. Nach neueren Berechnungen stellt dieser seltsame Stoff, dunkle Materie genannt, die überwiegende Masse des Universums. Bei den

Spekulationen über die Natur der dunklen Materie hat man alles bemüht, was sich anbot: Schwärme hypothtischer Elementarteilchen, verschiedene kalte, erloschene Sterne – braune Zwerge - und höchst bizarre astronomische Objekte wie kosmische Strings. . . .
. . . haben die Physiker in ihrer Verzweiflung die weißen Flecken in ihrem Wissen mit modernen Spielarten des Yali gefüllt. So haben sich nach vier Jahrhunderten empirischer Wissenschaft die Fakten wieder mit Fiktionen gemischt, um eine Beschreibung des Kosmos anbieten zu können. Man könnte meinen, die Wissenschaftler wären, als sie die Augen von der gründlich vermessenen Erde auf den noch weitgehend unergründeten Himmel richteten, in der Zeit zurückgeschritten. Die Suche nach der dunklen Materie führte zu einem Rückfall in dunkle Zeitalter. Auf den Gedanken, daß es mit dem Universum mehr auf sich haben könnte, als das Auge wahrzunehmen vermag, kam schon 1783 der englische Rektor John Michell, als er sich einen Himmelskörper von solcher Masse vorstellte, daß »alles von ihm ausgesandte Licht durch die Kraft seiner Gravitation gezwungen wäre, zu ihm zurückzukehren«. Heute bezeichnet man ein solches Objekt als Schwarzes Loch . . .
S. 25, 26 : *... Die Eigenschaften dieser Teilchen sind so verschieden, wie ihre Namen phantastisch. Einige sind schwerer als die schwersten bekannten Moleküle, andere sind leichter als alles, was je gewogen wurde. Manche Kandidaten – die magnetischen Monopole zum Beispiel – beruhen auf soliden theoretischen Grundlagen und beschäftigen große Gruppen von Physikern in aller Welt; andere dagegen sind nur Eintagsfliegen. Manche Arten schwerer Neutrinos sollen schon wieder von der Liste gestrichen werden, während Placktonen und Polonyonen so schwer nachzuweisen sind, daß wir wohl niemals in der Lage sein werden, ihre Existenz zu bestätigen oder auszuschließen. Das einzige Merkmal, das diese Teilchen gemeinsam haben, ist der Umstand, daß noch keines je gesichtet wurde.*
*Obwohl es vielleicht nicht den Anschein hat, ist der Klub der Anwärter für dunkle Materie sehr exclusiv. Mitglied kann nur ein Teilchen werden, das in die vorherrschenden Theorien der Materie und des Universums paßt. Es muß mit bekannten Teilchen wechselwirken, jedoch nur schwach, denn sonst hätte man es längst entdeckt. (Die Abkürzung **WIMP** für **w**eakly **i**nteracting **m**assive **p**article – schwach wechselwirkendes massereiches Teilchen – charakterisiert die Wechselwirkung einiger dieser Kandidaten.) Vor allem aber muß es das Teilchen in so unvorstellbar großer Zahl geben, daß es 99% aller Materie im Universum ausmacht. . . Die Schattenmaterie . . . hat einzig und allein die Aufgabe, als Gravitationsquelle zu dienen. In jeder anderen Hinsicht zeigt sie überhaupt keine Wechselwirkung mit gewöhnlicher Materie. Von der leichten Anziehung ihrer Gravitation abgesehen bewegt sich die Schattenmaterie unsichtbar und unfühlbar wie ein Geist durch festes Material. Soweit wir wissen, durchquert sie in diesem Augenblick unseren Körper. Und genau da liegt der Haken: soweit wir wissen könnte in diesem*

Augenblick auch eine Herde Yali durch unseren Garten galoppieren. Im Reich der reinen Ideen ist alles möglich... Vielleicht wird es noch lange dauern, bis die Physiker wirklich wissen, was dort draußen ist, und die Antwort wird vielleicht noch seltsamer sein als alles, was sie bisher vorgeschlagen haben. Doch bis dahin sollten sie sich, statt sich in gelehrten Disputen über das, was sein könnte, zu verzetteln, mit der Tatsache abfinden, daß es Dinge gibt, die sie nicht verstehen. Als die Wissenschaft die Nebel von Mythos und Mystizismus zerstreute, die die Welt des Mittelalters verdunkelten, hat sie damit nicht nur scharf abgegrenzte Inseln des Wissens enthüllt, sondern auch grenzenlose Meere der Unwissenheit.

Wie die imaginären Geschöpfe, die die fernen Regionen mittelalterlicher Karten bewohnten, so erfüllen auch Schattenmaterie, Photinos, Higgsinos und die meisten anderen Teilchen der dunklen Materie eine Aufgabe, wenn auch eine, die wenig mit Wissenschaft zu tun hat. Sie sorgen dafür, daß eine geheimnisvolle Kraft etwas von ihrem furchteinflößenden Charakter verliert. Sie lassen ein Universum, das uns offenbar mit grenzenloser Gleichgültigkeit begegnet und unserer Verstandeskräfte spottet, etwas freundlicher erscheinen. Aber sie erklären gar nichts.
****

Giordano, Bruder, hast Du sie gehört, die neue Stimme im Chor der Freigeister? Wir werden immer mehr, sind bald schon zu viert, wenn unser Leser sich meldet unter: 038485 / 20147 - - - Nein, zu sechst, mindestens! SYDNEY SMITH und HERBERT DINGLE und . . . . hab ich ja eben vergessen! - Im Ernst, lieber Leser – hat er nicht herrlich in meine Kerbe gehauen, dieser Hans Christian? Und alles die reine, lautere Wahrheit, ungelogen! Selten so gehögt! Hat er's denen aber auch gegeben auf S.26 mit ihrem *horror vacui* und ihrem zwanghaften Bestreben, dasselbe anzufüllen mit top-modern-YALI-particles! - - - Doch schon auf S. 118 fiel ein Wermutstropfen in meinen Freudenbecher: Sein gesunder Zweifel war verflogen, hatte dem Standard – Entzücken für das Standard – Modell der Materie Platz gemacht:

„Heute wissen wir, was wir entdecken würden, wenn wir in jene Anfangsphase zurückkreisen könnten: Im zarten Alter von wenigen Minuten war das Universum in Licht getaucht. Davor war es wie der Kern einer Wasserstoffbombe – ein Inferno aus kochendem Helium. Dieses hatte sich aus einer brodelnden Suppe von Protonen und Neutronen gebildet, die ihrerseits aus Quarks zusammengeschmolzen waren. Dem Beginn noch näher rückend, fänden wir eine Mischung zu gleichen Teilen aus Quarks und Antiquarks, aus Materie und Antimaterie und schließlich – als das Alter des Alls weniger als eine Quintillionstel Sekunde (10^{-30} s) betrug – eine Welt, in der der Begriff Materie noch keine Bedeutung hatte, weil sich alle uns bekannten Elementarteilchen (!!!) in einem gestaltlosen Brei ständig und rasch ineinander verwandelten. Hinsichtlich der Dramatik des Geschehens kann sich dieses Drei-Minuten-Epos durchaus mit der Genesis und anderen Schöpfungsmythen messen."

Schade, Hans Christian, wirklich schade! Bist ihnen doch noch auf den Leim gegangen, den Urknalltheologen ...

Auf S. 130 wurde meine Enttäuschung noch verstärkt, als er „die beste Analogie in der ganzen Physik" zitiert, „die vom Meister selbst erfunden wurde", dessen Fahrstuhl–Analogon: „Ein Eckpfeiler in der Relativitätstheorie ist das Äquivalenzprinzip, die Behauptung, daß Gravitationsfelder beschleunigten Bezugssystemen äquivalent sind. Diese an sich kaum verständliche Äußerung wurde von Einstein folgendermaßen verdeutlicht: Man stelle sich auf der Erdoberfläche einen großen geschlossenen Kasten vor, in dem ein Mensch einfache Experimente ausführt – einen Apfel fallen läßt und die Schwingung eines Pendels mißt. Nun denke man sich einen identischen Kasten, tief im All, der Schwerkraft der Erde, der Sonne oder irgendeines anderen Sterns entzogen, in dem ein zweiter Mensch die gleichen Experimente ausführt wie der erste auf der Erde. Daraufhin befestigt man ein Seil an der Oberseite des Kastens im All, und eine unsichtbare Kraft zieht ihn mit einer Beschleunigung, die der Gravitationsbeschleunigung auf der Erde numerisch gleich ist, nach oben. Die Schachtel im All ähnelt also einem Fahrstuhl in Aufwärtsbewegung."

Nein, einem gegenüber der Erdoberfläche ruhenden. Die im All ruhende gleicht einem fallenden Fahrstuhl auf Erden. Nach *oben?* Wo ist im All oben? Ach, lassen wir das, zitieren wir weiter:

„Das Äquivalenzprinzip sorgt dafür, daß die beiden Umgebungen ununterscheidbar sind – daß weder der erste, noch der zweite Mensch ohne einen Blick nach draußen entscheiden kann, ob sein Kasten auf der Erde steht oder im All beschleunigt wird. Läßt der Mensch auf der Erde einen Apfel fallen, schlägt dieser nach einer kurzen Zeitspanne auf dem Boden auf. Läßt der zweite einen Apfel los, so schwebt er im Raum, doch da der Kastenboden emporsteigt, schlägt dieser nach der gleichen Zeit gegen den Apfel, so daß auch der zweite Mensch denken muß, der Apfel sei auf den Boden gefallen. Die Auswirkungen der Schwerkraft werden durch die Beschleunigung des Kastens simuliert, der das Bezugssystem dieses Menschen bildet. Einleuchtend erklärt Einsteins Fahrstuhl den seltsamen Kerngedanken der allgemeinen Relativitätstheorie, doch leistet er noch mehr: Er kann auch neue Phänomene vorhersagen. Nehmen wir an, der Mensch auf der Erde bringt einen Meter über dem Boden an einer Wand eine Taschenlampe an und richtet sie so aus, daß ihr Strahl horizontal quer durch den Kasten verläuft. Wo wird er auf die gegenüberliegende Wand treffen? Einen Meter über dem Fußboden? Bevor Sie antworten, denken sie an den Menschen im All, der das gleiche Experiment durchführt. Während der Lichtstrahl durch seinen Kasten schießt, hebt sich der Fußboden – nicht viel, weil das Licht nicht lange braucht, ... aber grundsätzlich ... Deshalb trifft der Strahl die gegenüberliegende Wand weniger als einen Meter über dem Fußboden.

Zurück zu dem Menschen auf der Erde. Wenn das Äquivalenzprinzip richtig ist, müßten seine Experimentalergebnisse denen des zweiten im All gleichen. Auch er müßte feststellen, daß der Strahl die gegenüberliegende Wand nicht ganz einen Meter über dem Fußboden berührt, was nur einen Schluß zuläßt: Der Strahl wird von der Schwerkraft nach unten gezogen. Mit anderen Worten, das Äquivalenzprinzip sagt vorher, daß das Licht durch die Schwerkraft abgelenkt wird.

Tatsächlich läßt sich diese bemerkenswerte Vorhersage nicht in einem Kasten oder Zimmer überprüfen, weil die Differenz, um die das Licht fiele, für eine Messung zu klein wäre. Doch in astronomischen Größenverhältnissen läßt sich die Theorie experimentell überprüfen, und man hat, wie geschildert, 1919 nachgewiesen, daß das Gravitationsfeld der Sonne tatsächlich das Sternenlicht ablenkt, womit die Vorhersage bestätigt und für Einsteins unsterblichen Ruhm gesorgt war."

Kaum verständliche Äußerung? Selbstverständlichkeit!
Bemerkenswerte Vorhersage? Seit 1783 bekannt!
Beschleunigter Einstein – Fahrstuhl...
Beschleunigt gegen was, ihr Relativisten?
Fernab aller Schwere? Welchen Sinn behält Beschleunigung dort?
Ist jetzt noch Beschleunigungs<u>kraft</u> nötig zur Überwindung des
Trägheits<u>widerstands</u>? Widerstands wogegen? Actio = reactio.
Wer oder was „hält gegen" ?
Wie er´s braucht gewährt Einstein hier dem Licht „gewöhnliches"
Beharrungsvermögen, um es ihm sodann für ewig abzuerkennen,
ihm eine absolutistische Extrawurst zu braten. Grade bei
Gedankenexperimenten kommt es auf logische Konsequenz an...

ERNST MACH hatte das alles schon viel tiefgründiger durchdacht und viel klarer zum Ausdruck gebracht.
Arthur Eddington grübelte seinerzeit, wer denn wohl der dritte „Versteher" der ART gewesen sein könnte. Hans Christian sicher nicht, sonst würde er eine aufgebauschte Banalität nicht als "bestes Analogon der Wissenschaftsgeschichte" rühmen...

<u>**Trotz alledem:**</u> Sein Büchlein ist eine Perle. **HANS CHRISTIAN VON BAEYER** nimmt uns als kundiger Führer auf eine durchgängig lebendig-informative, humoristisch-unterhaltsame Exkursion in die überaus fesselnde Geschichte der Physik mit, verschafft uns tiefe Einblicke und einen grandiosen Überblick. Er ist dabei über weite Strecken von gesunder Skepsis und erfrischender Unvoreingenommenheit, immer aber mit spürbarer Begeisterung bei der Sache. Seiner Sache. Meiner Sache. Unserer Sache, mein lieber Leser. Denn ich hoffe, daß auch ich ein wenig dazu beitragen konnte, Deine ehrfürchtige Erstarrung angesichts anerkannter Autoritäten

aufzubrechen und sie in lebendige Bewunderung umzuwandeln, wo immer
ehrliches Bemühen um Einsicht eine solche verdient.

Die aber an der Verdunklung verdienen,
die Grenzen zwischen Kosmologie und Theologie verwischen,
im Windschatten der Wissenschaft moderne Mythen ausbrüten,
die Menschheit ins finsterste Mittelalter zurückstoßen,
sich an der Verdummung der Menschen gesundstoßen wollen,
verdienen Verachtung.
Ihrer Entlarvung dient diese Schrift.

ICH DANKE

Richard FEYNMAN für seine τ - Neutrinos und Hans Christian BAEYER für seine YALI. Ohne ihre Hilfe wären die Scharlatane nicht so leicht zu entlarven gewesen. Ich danke Dir, Giordano, Du mein Bruder im Geiste. Ich danke meinem Güstrower Physikprofessor ???, der mir so anregend von Ziolkowski`s Bootspartie erzählte.

Ich bitte Ernst MACH um Verzeihung, ihn, meine ML − Dozenten unkritisch nachplappernd und um deren wohlwollende Benotung buhlend, des metaphysischen Empiriokritizismus geziehen und wegen subjektiven Idealismusses und noch schlimmerer Verirrungen pflichteifrig verdammt zu haben. Ihm verdanke ich die Einsicht in die Unnötigkeit und Unsinnigkeit und Unstimmigkeit der Einsteinschen Relativitätstheorie − vor ihm war das bei mir alles mehr so ein philosophisches Unbehagen.

Albert EINSTEIN gebührt für verschiedene andere bahnbrechende Entdeckungen auf physikalischem Gebiet und wegen seines leidenschaftlichen pazifistisch − antifaschistischen Engagements unstrittig höchster Weltruhm. Ihm danke ich für den „Stein des (Denk-) Anstoßes".

Ich danke Robert Julius MAYER, dem Arzt aus Heilbronn, für sein Credo: EX NIHILO NIL FIT! Das ist der Archimedische Festpunkt, von dem aus man die Partikelpropheten aushebeln kann.

Viel verdanke ich Friedrich HERNECKs Buch „BAHNBRECHER DES ATOMZEITALTERS" (Der Morgen, Berlin 1965), mit dem er mir Leben und Werk großer Naturforscher nahegebracht hat. Eine Fundgrube für Physiklehrer! - Alle übrigen Quellen sind im Text benannt, Zitate deutlich abgehoben. Überschneidungen, Wiederholungen, widersprüchliche Wertungen sind dem langen Entstehungszeitraum geschuldet − die ersten Fragmente stammen aus meiner Studentenzeit, die letzten Fakten aus der Tagespresse. Auf aktuelle Anpassungen alter Passagen gemäß neuestem Erkenntnisstand habe ich zugunsten der Authentizität verzichtet.

Dabel, den 7. Juni 2000   Jürgen Kuhlmann

Nachtrag am 23. Juni 2000: Soeben Korrektur gelesen. Meine Güte! Ich bitte um Verständnis: Dies war eine Fundamentalkritik und nicht etwa ein fundierter Gegenentwurf. Sollte sie dennoch konstruktive Ansätze enthalten, wäre ich froh. Eigentlich sollten die Beispiele nämlich nur die Fragwürdigkeit gängiger Lehrmeinungen illustrieren, persiflieren.
Ich danke für die Aufmerksamkeit und bitte um Resonanz.

Einschub vom 07. 02. 2003: "Das Rückgrat der Nacht", vor "Milchstraße", als Zeitungsartikel gedacht, als Flugblatt benutzt ...

DIE RESONANZ

ließ nicht lange auf sich warten. Zwei Wochen, nachdem ich einigen Verwandten und Bekannten mein Werk *ge-i-mailt* hatte, erhielt ich folgende Antwort:
<u>Suche unter t-online nach „Einstein" und „Scharlatanerie" erbrachte unter anderem:</u> ......, ..., ...
....

So. Das hab ich nun davon. <u>Acht</u> <u>kleingedruckte</u> <u>Seiten</u> Buchtitel mit Einsteinkritiken. Unmöglich, mich nun auch damit noch detailliert auseinanderzusetzen. Unnötig auch, denn ich hab ja wohl mehr so die dogmatischen Einsteinianer attackiert und ihn selbst, soweit es ging, verschont.

Herbert DINGLE, auf den mich schon der unsägliche Paul DAVIES neugierig gemacht hatte, hätte ich mir nur in Englisch beschaffen können, hatte aber nur Russisch und Latein in der Schule.

Daß Philipp LENARD Einstein aus Deutschland rausgeekelt hat, um sich dann selber zum Physikpapst ausrufen zu können, daß sich in seinem Windschatten die **"DOITSCHE PHYSIK"** über Albert hergemacht hat, erzählte man uns im Studium. Mehr nicht; kein einziges Argument gegen SRT und ART, kein einziger Literaturhinweis jenseits von INFELD und MINKOWSKI.

Mir ging es sowieso nur um allgemeinverständliche Aufklärung, den ursprünglichen Arbeitstitel "Anti - Einstein" hatte ich ohnehin schon lange fallengelassen. Bleibt zu betonen, daß die acht Seiten mit Einsteinkritiken für mich keine Quellen waren - meine Quellen habe ich alle schon im Text markiert.

Dabel, den 23. Juli 2000   Jürgen Kuhlmann

NACHWORT

Dabel, den 24. 07. 2000, 4^{2o} Uhr Soeben aus einem entsetzlichen Alptraum hochgeschreckt. Furchtbar die Vorstellung, mit Philipp LENARD in eine Kerbe gehauen zu haben! Das darf nicht so stehenbleiben, ich muß Dich noch um einen Moment Geduld bitten, mein lieber Leser.

Vielleicht hat die Flut von Veröffentlichungen ab 1922 auch Dein historisches Interesse geweckt und ich beantworte nur Deine vorweggenommenen Fragen. Natürlich nicht aus dem hohlen Bauch - der von mir in zahllosen Unterrichtsstunden vielzitierte und von Randglossen strotzende *"Bahnbrecher des Atomzeitalters"* muß noch einmal herhalten. Zweitzitate also, für die ich nicht haften kann, zumal Prof. Dr. phil. habil. Friedrich HERNECK, der am Institut für Geschichte der Medizin und Naturwissenschaften der Humboldt-Universität lehrte, schon im Vorwort um Verständnis dafür bittet, daß er auf den Abdruck der weit über 3000 Quellen aus den Archiven renommierter Akademien und Universitäten verzichten mußte. Seine wissenschaftshistorischen Wertungen waren und sind für mich nachvollziehbar, haben wohl gar meine Weltanschauung mitgeprägt und mir den Menschen Albert EINSTEIN nahegebracht.

Dieser war (wie ich) von frühester Jugend an ein Feind der *"Soldaterei"*, äußerte sich schon 1911 angesichts der Marokko-Krise verächtlich über die *"deutschen Kriegstreiber"*, verweigerte im Oktober 1914 seine Unterschrift unter den patriotischen Aufruf der 93 deutschen Geistesschaffenden.
(Karl KRAUS: "Zum vollen Hundert fehlen nur noch die 7 Schwaben.")

Er durchschaute den Massenmord auf dem *"Felde der Ehre"* als gewinnbringendes Geschäft der Initiatoren und schrieb 1915 an Romain ROLLAND, daß sich *"die Gelehrten der kriegführenden Länder benähmen, als hätte man ihnen im August 1914 das Großhirn amputiert."* -

Die vergaßen ihm das natürlich nie, fanden sich folglich in der *"Anti-Relativitätstheorie-GmbH"* zusammen und ließen sich von Johannes STARK und Philipp LENARD zu einer Flut von polemischen Publikationen aufhetzen. (Vielleicht hab ich eben sogar einige davon ungesehen in vorstehender i-mail kolportiert, oh Schande. Aber ich habe weder Zeit noch Geld noch Lust, danach herumzustochern, mein "einschlägiges Literaturstudium" ist definitiv abgeschlossen, käme ja sonst nie zurande, fände womöglich meine sachlichen Kritikansätze in antisemitische Tiraden gehüllt wieder - welch gräßlicher Gedanke! Wahrscheinlich taucht auch Herbert DINGLES gerechte Forderung: "RELATIVITY FOR ALL!" in vielen Sprachen auf, sicher aber wurde sie bisher von der uneingeschränkt herrschenden Lehrmeinung erfolgreich totgeschwiegen.)

Friedrich HERNECK schreibt auf S.214: *"Unter der Tarnbezeichnung »Arbeitsgemeinschaft deutscher Naturforscher zur Erhaltung reiner Wissenschaft« veranstaltete die Anti-Einstein-Liga im August 1920 im Saal der Berliner Philharmonie eine Großkundgebung gegen die Relativ-*

itätstheorie, zu der auch Einstein eingeladen wurde. Von seinem Logenplatz aus hörte er sich den Unsinn, der auf dem Rednerpodium über seine Theorie vorgebracht wurde, mit mitleidigem Lächeln geduldig an. Der antisemitische Grundton des Unternehmens wurde deutlich, als nach Schluß der Veranstaltung ein jüngerer Teilnehmer zu Einstein hinüberrief: »Diesem Saujuden müßte man eigentlich an die Gurgel springen.«
   Das war keine zufällige Äußerung. In einem antisemitischen Blatt verstieg sich die Wut der Reaktion zu der wiederholten öffentlichen Aufforderung, Einstein gewaltsam zu beseitigen. Wie man vorher auf Handzetteln und Plakaten gehetzt hatte: »Tötet Liebknecht!«, so gab nun das nationalistische Gesindel durch seine Presse die niederträchtige Losung aus: »Tötet Einstein!« " - Durch den Mord an Walther Rathenau verstört, trieb es ihn gar in's zionistische Lager, ließ er sich vor deren nationalistischen Karren spannen wie einst NEWTON sich von klerikalchauvinistischen Briten vereinnahmen ließ. *"Die Fähigkeit der Menschen, aus der Geschichte zu lernen, ist erstaunlich gering."* schreibt er 1922 - vielleicht durch die bittere Sentenz des östereichischen Satirikers Karl KRAUS auf den I. Weltkrieg inspiriert: *"Der Menschheit wird die Kugel bei einem Ohr hinein und beim anderen herausgegangen sein."* (Wie wahr! 1999 frohlockt die endlich wiedervereinigte Großdeutsche Bundeswehrmacht über ihre ruhmreiche Rückkehr in die internationale Arena.)
   Einstein floh. Andere blieben. Werner HEISENBERG *("Elementarteilchen sind die Formen, in die sich die Energie begibt, wenn sie Materie werden will.")* mußte sich mit Max von LAUE und Max PLANCK als *"weißer Jude"* beschimpfen lassen, als *"Ossietzky der Physik"*. (vom Präsidenten der Physikalisch-Technischen Reichsanstalt und der Deutschen Forschungsgemeinschaft, Johannes STARK, in der SS-Zeitung »DAS SCHWARZE KORPS«, Sommer 1937)
   Philipp LENARD. LENARD-Fenster. Das war so eine Alu-Folie, durch die Kathodenstrahlen aus der Vakuumröhre in's Freie traten, um auf Leuchtschirm oder Fotoplatte verräterische Spuren zu hinterlassen. Bedeutende Vorarbeit für Ernest RUTHERFORD und andere, 2. deutscher Nobelpreisträger hinter Wilhelm Conrad RÖNTGEN, aber ein übles Charakterschwein. Lenard, enger Mitarbeiter und großer Verehrer des 1894 verstorbenen Heinrich HERTZ, sieht 1933 in Hertz's Mechanik-Lehrbuch *"plötzlich stark jüdischen Geist durchbrechen."* Lenard, Assistent Röntgens, schrieb 1897 seinem hochverehrten Meister: *"Daß Ihre große Entdeckung so rasch die Aufmerksamkeit der weitesten Kreise auch auf meine bescheidenen Arbeiten gelenkt hat, war ein besonderes Glück für mich, und ich kann mich durch Ihre freundliche Anteilnahme daran jetzt doppelt darüber freuen."*
Nachdem er aber im Dritten Reich als eingefleischter Judenfresser und fanatischer Hitlerfan Doitscher Physikpapst wurde, schrieb er in seine wissenschaftlichen Abhandlungen: *"Röntgen war die Hebamme bei der Geburt*

der Entdeckung. Diese Helferin hat den Vorzug, das Kind zuerst vorzeigen zu können. Mit der Mutter kann sie aber nur von Unwissenden verwechselt werden, die vom Entdeckungsvorgang und vom Vorausgegangenen nicht mehr wissen, als Kinder vom Storch."

Nur wer die Entdeckungsgeschichte der Röntgenstrahlen kennt, (die von Lenard bezeichnenderweise immer nur X-Strahlen oder Hochfrequenzstrahlen genannt wurden), kann diese Infamie ermessen.

Prof. Herneck schreibt auf S. 194: *"Daß HASENÖHRL, der im I. Weltkrieg fiel, das Gesetz von der Trägheit der Energie ($E=m^*c^2$) entdeckt habe, ist eine spätere Legende, die von Lenard verbreitet wurde, der nicht zugeben wollte, daß der »Jude Einstein« dieses grundlegende Gesetz der Atomphysik gefunden hatte. Sie war in gewisser Weise - wenn auch aus anderen Gründen - ein Seitenstück zu der Behauptung Lenards, daß Röntgen nicht der Entdecker der X-Strahlen sei."*

Nun begreifst Du, mein lieber Leser, weshalb ich die Literatur-Quellen-i-mail nicht unkommentiert anhängen konnte, mich distanzieren mußte. Der Bitte nach einem SCHRÖDINGER-KATZEN-Kommentar kann ich nicht entsprechen, weil ich nicht begreife, wie man diesem banalen Vergleich eine derartige Bedeutung beimessen konnte. Wenn ich mich recht entsinne, wollte Erwin Schrödinger mit dieser Tierparabel wohl auch nur die erkenntnistheoretische Unzulänglichkeit der HEISENBERGschen Ungenauigkeitsbeziehung persiflieren und BOHRs Standpunkt attackieren, nur Beobachtetes sei wirklich wirklich, Realität I. Wahl gewissermaßen. -

Ach was, ich versuch's:

Schrödingers berühmte Katze, lieber Leser, ist so tot oder lebendig, wie wir alle. Steckt sie in ihrem undurchsichtigen Kasten, steigt natürlich unsere Ungewißheit über ihr momentanes Befinden. Schwebt über ihrem Haupte gar ein höchst ungewisses Schicksal, eine Zeitbombe mit radioaktiv gesteuertem Zufallszünder, wird unsere Einsicht in ihren aktuellen Gesundheitszustand allerdings äußerst unzuverlässig. Aus sicherer Diagnose wird vage Wahrscheinlichkeit. Ihr Zustand ist zwar zu jedem Zeitpunkt ganz bestimmt, aber dennoch keine irgendwie algorithmisch exakt faßbare Zeitfunktion. Ein Glaskasten böte uns Einsicht, seine Kiste verwehrt sie. Auch seine Wellengleichung gestattet uns keinen Durchblick. Sicher ist nichts, möglich alles. Nur die (formalmathematisch vielleich korrekte) Lösung seiner Zustandsfunktion, die der Katze <u>gleichzeitig</u> Tod und Leben zuschreibt, ist unsinnig und also unmöglich. Der Katzenzustand ist zwar veränderlich, meinetwegen sogar über algorithmisch komprimierbare Biorythmen funktional beschreibbar und statistischen Zufallsfunktionen gehorchend, bleibt aber unverändert real, gewinnt Realität <u>nicht erst durch unsere Beobachtung</u> (wie Bohr behauptet).

- Soweit meine sicher auch unsichere und beschränkte Einsicht in den Sinn des "Katzenparadoxons".

Viel besser gefallen hat mir sein

OKTOBER IN MERAN.

Siehst du am hang der dunklen trauben lust
so süß und voll weil sie die letzten sind.
Die sonne glüht und sengt wie im august.
Noch hängt im blau vertäut der gletscherwind...

Purpurne glut die sonnenwarm dem mund
zur labung winkt, sie ist in treuen dein.
Was liegt denn dran ob auch der nächste spund
dich noch in dir, in andern mag erfreun.

Denn seinem rauen ausgang zu sich drängt
das reife jahr. Die nächste nacht bringt frost.
Die wolken steigen schon und eh mans denkt
deckt eis des winzers holde erntekost.

Der Einfluß solch holder Verse auf's Gemüt ist nachvollziehbar.

Der wellengleiche Sprachrhythmus seiner bezaubernden Lyrik, seine poetischen Bilder sensibilisieren verwandte Seelen, bewirken also etwas.

Die Wirkung seiner Wellengleichung auf die Existenz oder Nichtexistenz von Elementarteilchen und Katzen aber wird mir wohl ewig ein Geheimnis bleiben.

Am Anfang stand eben *nicht* das Wort.

Aber das ist eine Glaubensfrage.

Herzlichen Dank jedenfalls für diesen wundervollen Schlußakkord.

Jürgen Kuhlmann, W. Pieckstr. 6, 19406 Dabel, Tel. 038485 / 20147

www.ingramcontent.com/pod-product-compliance
Lightning Source LLC
Chambersburg PA
CBHW070246230526
45470CB00002B/497